内蒙古自治区自然资源厅综合预算项目：
内蒙古北山成矿带金铜矿成矿关键问题研究及找矿预测

内蒙古北山斑岩型矿床多尺度成矿预测

NEIMENGGU BEI SHAN BANYANXING KUANGCHUANG
DUOCHIDU CHENGKUANG YUCE

付乐兵　张　青　张　成　高征西　许立权　编著

图书在版编目(CIP)数据

内蒙古北山斑岩型矿床多尺度成矿预测/付乐兵主编.—武汉：中国地质大学出版社，2023.12

ISBN 978-7-5625-5742-5

Ⅰ.①内… Ⅱ.①付… Ⅲ.①金铜矿床-成矿预测-内蒙古 Ⅳ.①P618.206.226

中国版本图书馆 CIP 数据核字(2023)第 249662 号

内蒙古北山斑岩型矿床多尺度成矿预测	付乐兵 张 青 张 成 高征西 许立权	编著

责任编辑:韦有福	选题策划:韦有福 张 健	责任校对:徐蕾蕾

出版发行：中国地质大学出版社(武汉市洪山区鲁磨路388号)   邮编：430074
电　　话：(027)67883511　　　传　　真：(027)67883580　　E-mail:cbb@cug.edu.cn
经　　销：全国新华书店　　　　　　　　　　　　　　　　　　http://cugp.cug.edu.cn

开本:787 毫米×1092 毫米 1/16	字数:198 千字	印张:7.75
版次:2023 年 12 月第 1 版	印次:2023 年 12 月第 1 次印刷	
印刷:湖北睿智印务有限公司		

ISBN 978-7-5625-5742-5　　　　　　　　　　　　　　　　　　　　　　定价:88.00 元

如有印装质量问题请与印刷厂联系调换

前 言

  矿产资源是国民经济和社会发展的物质基础,矿产资源安全是新时代国家安全体系的重要组成部分。内蒙古自治区矿产资源丰富,目前已探明的矿种达84种,开发利用的矿产资源种类有33种,矿业经济在内蒙古自治区经济发展中占有举足轻重的地位,尤其是煤、盐、芒硝、石膏、萤石、硅石、铁、金、铜等矿产对当地经济发展贡献巨大。然而随着地质找矿工作的深入开展,找矿难度越来越大,如何实施科技创新,加强成矿理论研究,发挥关键勘查技术手段在找矿实践中的支撑作用,实现成矿系统理论与成矿预测的有机结合,提高矿产勘查工作效率,保障矿产资源供应安全,是当前地质工作者所面临的机遇与挑战。

  内蒙古北山成矿带经历了长期而复杂的地质演化过程,带内成矿条件良好,矿产种类丰富,是我国金属矿产的主要资源基地之一。该成矿带位于整个北山成矿带的东段,地质找矿工作以"找铜、找金"为主,勘查发现了流沙山钼金矿、额勒根乌兰乌拉铜钼矿、小狐狸山钼铅锌多金属矿、独龙包铜钼矿、三个井金铅锌矿、老硐沟金矿等矿床,取得了丰硕的找矿成果。然而,受自然地理环境恶劣、矿产勘查工作程度低、以往资料繁多冗杂利用难度大、科研投入不足等客观因素制约,地质找矿工作仍面临诸多困难,限制了有效勘查选区及找矿突破。此外,同处北山成矿带西部的新疆—甘肃段已发现土屋-延东铜钼矿床、公婆泉铜矿床、三道明水铜矿床等大中型斑岩-矽卡岩型矿床,但北山成矿带东部的斑岩型矿床的科研及找矿工作仍较为薄弱,亟需加强成矿理论研究,开展矿区、矿田、区域的多尺度成矿预测工作,为下一步找矿勘查指明方向。

  首先系统地收集了内蒙古北山成矿带北部园包山—小狐狸山地区7个1∶5万标准图幅的地质、物探、化探、矿产勘查及最新科研成果资料,以此为基础,对区内的典型矿床——高石山铜金矿床开展了详细的基础地质研究,确证该矿床为典型的斑岩型矿床,进而对致矿岩体所反映的成矿背景、成矿潜力进行了分析;通过分析矿床剥蚀程度、地球化学找矿信息、地球物理找矿信息,结合短波红外光谱这一新勘查技术,进一步对矿区尺度的成矿有利地段进行了分析和研判。同时,工作中探索了从高石山周缘地区1∶2.5万岩屑地球化学测量数据中提取蚀变矿物的新方法,并对高石山周缘地区开展了矿田尺度的综合成矿预测。最后,根据斑岩型矿床成矿系统理论建立了区域尺度的综合找矿模型,并系统提取了园包山—小狐狸山区域的多元找矿信息,开展区域尺度的证据权重法成矿预测,圈定找矿远景区并开展野外矿产勘查工作。在矿区、矿田、区域尺度斑岩型矿床成矿预测技术和方法体系方面取得了实质性进展,预测和检查成果为区内下一步找矿工作指明了方向。

本书内容精炼自"内蒙古北山成矿带金铜矿成矿关键问题研究及找矿预测"项目的部分研究成果,该项目由内蒙古自治区自然资源厅于2019—2021年组织实施,由内蒙古自治区地质调查研究院与中国地质大学(武汉)共同完成。参加研究的人员有付乐兵、张成、张青、高征西、魏俊浩、许立权、曹磊、李洪斌、肖剑伟、张婷婷、马嘉骏、李奥冰、张维康、姜春伟、陈耀、陈勇、刘启凡、盛佳明、罗超、张爱、张有宽、包凤琴、刘宇超等。

本书编写及分工:第一章由付乐兵、张维康、姜春伟编写;第二章由张成、张青、高征西、许立权编写;第三章由姜春伟、张维康、张成编写;第四章由姜春伟、张维康、高征西编写;第五章由张维康、张青编写;第六章由付乐兵、张维康、张青编写;第七章由付乐兵编写。全书由付乐兵统编定稿。

本研究在野外调查过程中得到了老硐沟、月牙山、独龙包、小狐狸山、三个井、交叉沟、东七一山、希热哈达等矿山企业的大力支持;内蒙古自治区自然资源厅相关专家进行了细致的指导、支持和帮助;内蒙古自治区地质调查研究院敖嫩、武利文、郑宝军、郭灵俊、张明、王弢、宋华、邵积东、王守光、鞠文信等领导对项目给予了大力支持;书中除引用了已注明的公开发表的论文和出版的专著外,还引用了大量前人在内蒙古北山地区完成的区域地质调查、矿产勘查、矿山开采利用、地质专题研究、物化探等资料,后者由于未公开出版,没有列入本书的参考文献目录。在此,对给本书的出版提供帮助的所有同志一并表示衷心的感谢。

由于编著者水平有限,书中难免挂一漏万,有所疏漏,欢迎读者批评指正!

编著者

2023年8月2日

目 录

第1章 绪 言 ·· (1)
  1.1 研究背景及意义 ·· (1)
  1.2 研究区位置及自然地理概况 ··· (2)
  1.3 研究现状与存在问题 ··· (3)
  1.4 研究内容、技术路线 ··· (8)

第2章 研究区地质矿产特征 ··· (10)
  2.1 大地构造背景 ·· (10)
  2.2 地 层 ·· (10)
  2.3 构 造 ·· (15)
  2.4 岩浆岩 ·· (16)
  2.5 构造演化 ·· (18)
  2.6 矿 产 ·· (19)

第3章 高石山铜金矿床地质特征 ··· (21)
  3.1 矿区地层 ·· (21)
  3.2 矿区构造 ·· (21)
  3.3 矿区内岩浆岩 ·· (23)
  3.4 矿体特征 ·· (24)
  3.5 围岩蚀变 ·· (29)

第4章 高石山矿区成矿潜力与找矿方向 ·· (31)
  4.1 高石山石英闪长岩地球化学特征与成矿潜力 ··· (31)
  4.2 矿床剥蚀程度与找矿方向 ··· (41)
  4.3 短波红外光谱特征与找矿方向 ·· (43)
  4.4 地球化学与地球物理找矿信息 ·· (46)
  4.5 找矿方向综合分析 ·· (48)

第5章 高石山周缘矿田尺度成矿预测 ·· (49)
  5.1 地球化学测量数据提取蚀变矿物 ··· (49)

  5.2 蚀变矿物与传统化探异常空间关系分析 …………………………………… (54)
  5.3 成矿预测与靶区圈定 …………………………………………………………… (55)
第 6 章 园包山—小狐狸山区域尺度成矿预测 ……………………………………… (58)
  6.1 综合找矿模型 …………………………………………………………………… (58)
  6.2 岩浆岩控矿因素分析 …………………………………………………………… (61)
  6.3 构造控矿因素分析 ……………………………………………………………… (73)
  6.4 化探找矿信息 …………………………………………………………………… (82)
  6.5 证据权重法成矿预测与找矿远景区圈定 ……………………………………… (84)
  6.6 新圈定重点找矿远景区验证 …………………………………………………… (86)
第 7 章 成果认识与存在问题 ………………………………………………………… (89)
  7.1 认识与成果 ……………………………………………………………………… (89)
  7.2 存在问题 ………………………………………………………………………… (91)
主要参考文献 ……………………………………………………………………………… (92)
附 表 ………………………………………………………………………………… (101)

第1章 绪 言

1.1 研究背景及意义

矿产资源是支撑国家经济社会发展的重要基石，是保障国家资源安全的核心和关键。在当前世界百年未有之大变局下，我国经济发展增速与矿产资源增储不匹配，部分紧缺矿种对外进口依存度逐年增长，已使我国矿产资源安全保障面临严峻的挑战。内蒙古自治区矿产资源丰富，已发现矿产种类高达84种，有色金属和贵金属资源储量优势明显。然而受部分地区勘查程度低、工作手段单一、科研投入不足等问题制约，地质勘查工作尚有很大进步空间。如何有效推进资源勘查，实现找矿突破，保障资源持续有效供给，提升优势矿种对内蒙古自治区经济发展的支撑能力，是当前所面临的紧迫任务。

内蒙古北山成矿带自20世纪80年代以来在大地构造演化、成矿规律方面的研究逐渐增多，成果颇多，众多学者通过对北山成矿带构造背景与成矿规律进行研究，认为北山成矿带北段区域位于汇聚板块边缘，是产出斑岩型矿床的有利构造位置（龚全胜等，2003；聂凤军等，2003；辛后田等，2020）。园包山—小狐狸山地区位于内蒙古自治区北山成矿带北段，区内已有高石山、独龙包、小狐狸山等斑岩型铜/钼多金属矿床，具有良好的成矿地质条件。但从整个研究区来说，近年来斑岩型矿床找矿工作进展缓慢，亟需加强对区内典型矿床的研究，并开展以找矿理论研究为基础的多尺度成矿预测工作，运用新方法、新技术为研究区矿产勘查提供新方向。

目前，前人在研究区内高石山铜金矿床的找矿勘查工作上投入了大量的精力，积累了大量的宝贵资料，但找矿效果却差强人意。故研究者首先开展区内高石山铜金矿床地质、矿相学、同位素年代学等工作，利用锆石U-Pb年代学、全岩地球化学、锆石Hf同位素与锆石微量元素地球化学等手段对高石山矿床石英闪长岩体的成矿潜力进行评价，并结合矿床剥蚀程度、围岩蚀变分带特征、短波红外光谱特征以及物化探信息综合判断矿区内的成矿有利地段。然后，应用新方法——一般元素比分析法对高石山周缘地区化探数据进行蚀变矿物提取，探索地球化学测量数据处理的新方法，为蚀变矿物的快速识别提供新思路，并以提取的蚀变矿物为证据图层之一，结合地质、化探等信息进行高石山周缘地区矿田尺度的成矿预测与靶区圈定，在探索化探数据处理新方法的同时对其进行矿田尺度成矿预测。

在典型矿床研究的基础上，结合成矿系统理论来综合分析区域地质、物探、化探等资料，最终建立综合找矿模型；然后以该模型为依托提取园包山—小狐狸山区域内有效的找矿信息组合,开展区域尺度证据权重法成矿预测并圈定找矿远景区,为该地区斑岩型矿床的找矿部署工作提供理论依据。

1.2 研究区位置及自然地理概况

园包山—小狐狸山地区位于内蒙古自治区北西部荒漠戈壁区,属内蒙古高原,北邻蒙古国。行政区划隶属于内蒙古自治区阿拉善盟额济纳旗,范围上属于园包山、换新滩、独龙包、大狐狸山、沙多山、苦泉山、吉格德查干戈壁 7 幅 1∶5 万国际标准图幅范围。研究区距离额济纳旗约 160km,距离最近的赛汉陶来苏木约 80km,省道 S312、额济纳旗—嘉峪关铁路均经过额济纳旗,从额济纳旗经赛汉陶来苏木至研究区有砂石路相通,汽车可达工作区,交通较便利。研究区交通地理位置见图 1-1。

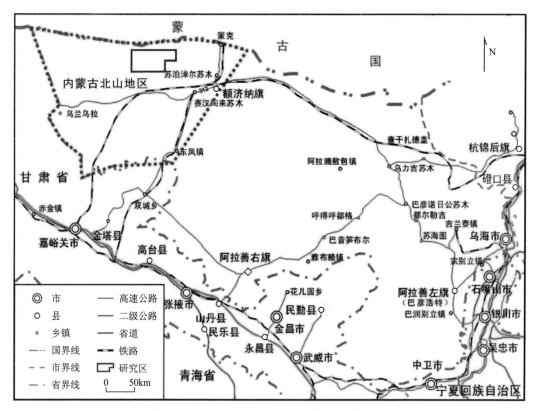

图 1-1　园包山—小狐狸山地区交通地理位置图

研究区地处内蒙古高原阿拉善台地西北部,地貌形态以戈壁、低山、丘陵为主,海拔一般在 900~1200m 之间,最高处 1438m,最低处 890m。区内属典型的温带大陆性气候,具有夏季酷热干燥、冬季严寒风大、干旱少雨、日温差大等特点,年平均气温 2.5℃,极端最高气温 42.2℃,最低气温-36.9℃。区内年平均降水量 37mm,年蒸发量高达 3842mm。风向以西风、西北风为主,平均风速 3 级,冬季和春季常有 6 级以上大风。

区内人烟稀少,居民以蒙古族、汉族、回族为主,主要从事农牧业。区内已探明的矿产资源种类丰富(煤、石膏、萤石、铁、金、铜等),目前煤炭化工、铁金矿产采选及冶金为该区主要的工业产业。

1.3 研究现状与存在问题

1.3.1 斑岩型矿床勘查研究进展

斑岩型矿床是一种在时间、空间、成因上均与钙碱性浅成—超浅成中—酸性斑状侵入体密切相关的岩浆热液矿床,多产出在与俯冲作用有关的板块汇聚边缘(Richards,2003;Cooke et al.,2005;Sillitoe,2010)或陆内碰撞造山环境(Hou et al.,2009;Yang et al.,2009),其规模大、储量大,是世界上铜、钼、金的重要来源,其产出的铜、钼、金分别占全球工业的75%、90%、20%(Seedorff et al.,2005;Cooke et al.,2014;John et al.,2016),是世界范围内最重要的矿床类型之一。斑岩型矿床在全球有3个集中分布区域,分别是环太平洋成矿带、特提斯成矿带、中亚成矿带(图1-2)。我国斑岩型矿床在上述3个全球主成矿带内均有分布,如斑岩型铜矿主要分布在冈底斯、玉龙、东昆仑、中亚等成矿带,主要产出斑岩型铜矿床和斑岩型钼矿床,两者探明储量分别占全国铜资源储量的42%和钼资源储量的78%(Zeng et al.,2013;Yang and Cooke,2019)。

斑岩型矿床勘查方面的研究同样吸引了国内外大批学者,下面将从成矿斑岩体特征、蚀变分带特征、脉体结合特征等方面简要介绍目前国内外研究进展。

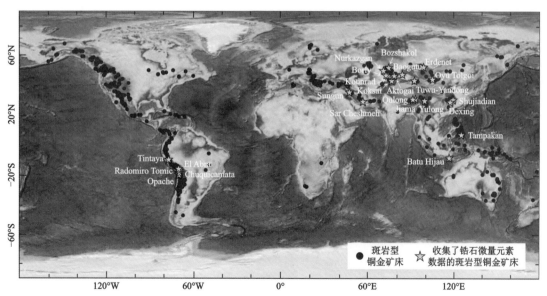

图1-2 世界上斑岩型铜金矿床的分布情况(底图据Amante and Eakins,2009;矿床位置据Singer et al.,2008)

1.3.1.1 成矿斑岩体特征

1)成矿岩体氧逸度与含水量

近年来大量研究表明,斑岩型铜金矿床的形成通常与高氧逸度、高含水量的中酸性岩浆密不可分(Lee et al., 2012;Sun et al., 2015;Lee and Tang, 2020)。对于斑岩型铜金矿床来说,Cu、Au 等主成矿元素为亲硫元素,其地球化学行为主要受硫的控制,而在高氧逸度的岩浆中,硫主要以硫酸根(SO_4^{2-})形式存在,其溶解度远高于硫化物(S^{2-})状态下的硫,这会使高氧逸度岩浆中总硫的含量大幅度提高,从而使得岩浆中富集大量 Cu、Au 等金属元素继而成矿(Shu et al., 2019)。而水作为挥发分的重要组成部分,是 Cu、Au 等成矿物质的重要载体,高含水量岩浆在浅部岩浆房可出熔大量含金属的岩浆流体,随着温度和压力的降低继而成矿(Lu et al., 2016;郭峰,2017)。因此,对成矿岩浆的氧逸度及含水量进行判断有助于对斑岩型矿床的成矿潜力进行评价。

2)成矿岩体主微量元素特征与成矿潜力

前人研究表明,斑岩型矿床成矿岩体通常显示出类似于埃达克岩的地球化学特征,即具有高 SiO_2($\geqslant 56\%$)、高 Al_2O_3($\geqslant 15\%$),富集 Sr($\geqslant 400 \times 10^{-6}$)和 LREE,亏损 Y($\leqslant 18 \times 10^{-6}$)和 HREE(Yb$\leqslant 1.9 \times 10^{-6}$)等特征。埃达克质熔体成矿潜力较高的主要原因为:①具有相对较高的氧逸度和含水量;②源区相对富集 Cu、Au 等成矿元素;③形成时压力较大,在角闪岩相向榴辉岩相转变时角闪石分解释放出大量的水(流体)有利于金属元素的萃取与富集,从而有利于成矿(冷成彪等,2020)。随着近年来大量全岩主微量元素数据的积累,前人建立了诸多全岩地球化学指标来对岩浆的成矿潜力进行判断。例如 Loucks(2014)对全球 135 个斑岩型矿床成矿岩体与不成矿岩体的全岩主微量元素进行对比发现,成矿岩体具有更高的 Al_2O_3、Sr 和 V 含量以及更低的 TiO_2、Sc 和 Y 含量,原因可能为岩浆的含水量较高。因为高含水量岩浆不仅在一定程度上抑制了斜长石的结晶分异,同时还会促进角闪石的结晶分异(图 1-3),从而影响岩浆的主微量元素含量及比值。另外,还有学者提出 Sr/Y、Sr/MnO、Ta/Nb 等元素比值也能够分辨岩体是否成矿(Ahmed et al., 2020;Halley, 2020)。

3)成矿岩体锆石微量元素特征与成矿潜力

锆石常作为副矿物产出于中酸性侵入岩中,因其封闭温度高、抗风化、热液蚀变能力较强,能够代表岩浆的原始组成,除了用于同位素定年与示踪外,锆石微量元素特征也广泛用于指示斑岩型矿床成矿岩浆物理化学条件、成矿潜力以及矿床规模等(Ballard et al., 2002;Trail et al., 2011;Shen et al., 2015;Cooke et al., 2020)。锆石地质应用主要为通过变价元素 Ce、Eu 异常来了解岩浆的氧化态及含水量,通过 Ti 的含量计算锆石的结晶温度以及通过 Zr/Hf、U、Th 和 REE 的分配形式来反演岩浆成分的变化等(Hayden and Watson, 2007)。

Ballard 等(2002)最早对智利北部成矿与不成矿岩体的锆石 Ce、Eu 异常进行了对比,发现成矿岩体的锆石 $Ce^{4+}/Ce^{3+} > 300$、$Eu/Eu^* > 0.4$;Shen 等(2015)对中亚造山带中不同规模的斑岩铜金矿床的成矿岩体进行了对比,发现 Ce^{4+}/Ce^{3+}、Eu/Eu^* 值与矿床规模呈正相关关系;Lu 等(2016)对全球多个地区的成矿与不成矿岩体进行了对比,发现除 Eu/Eu^*(> 0.3)外,(Ce/Nd)/Y(> 0.01)、Dy/Yb(< 0.3)等比值也能够反映成矿斑岩特征;Shu 等(2019)对

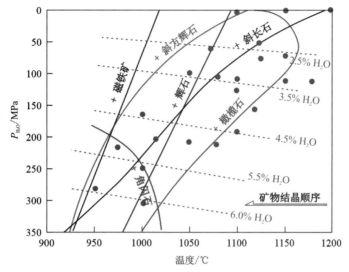

随着熔体中含水量的变化,矿物的结晶顺序会发生变化,从而导致熔体中主、微量元素含量发生变化。例如当体系 $P_{H_2O}=0$MPa(无水)时,矿物结晶顺序依次为斜长石、橄榄石、斜方辉石、辉石,而当 $P_{H_2O}>350$MPa,含水量 $>6.5\%$ 时,角闪石首先结晶,而斜长石最后结晶。图中每个黑色点代表一次实验

图 1-3 温度、含水量与矿物结晶相图(据 Loucks,2014)

中国东北地区斑岩型钼矿床的成矿岩体进行了对比,发现 Ce^{4+}/Ce^{3+}、Ce_N/Ce_N^*、Ce/Nd 及 Eu/Eu^* 值与矿床规模呈正相关关系,且储量 0.3Mt 以上的钼矿床具有 $Ce^{4+}/Ce^{3+}>100$、$Ce_N/Ce_N^*>100$、Ce/Nd>10 及 $Eu/Eu^*>0.3$ 的特征。综上所述,锆石微量元素参数能够较好地反映斑岩型矿床的成矿潜力及矿床规模等信息,对找矿勘查有着较大的指导意义。

1.3.1.2 蚀变分带特征

斑岩型矿床(尤其是斑岩型铜矿床)具有相似的蚀变分带类型和空间分布特征,是认识和识别斑岩型矿床的重要标志。Lowell 等(1970)建立了首个弧岩浆环境下斑岩型铜矿床的蚀变分带模型,后续经众多学者(Harris and Golding,2002;Holliday and Cooke,2007;Sillitoe,2010;Yang and Cooke,2019)在不同构造背景下的研究使该蚀变分带模型得到补充、完善。常见蚀变类型及其典型的蚀变矿物如下:钾硅酸盐蚀变包括钾长石化、次生黑云母(普遍与磁铁矿共生);青磐岩化蚀变包括绿泥石、绿帘石;绢英岩化蚀变包括石英、绢云母、黄铁矿;高级泥化蚀变包括高岭石、地开石、水铝石、明矾石。不同构造背景下蚀变分带模式:①俯冲型,围绕斑岩体从内到外为钾硅酸盐化带、青磐岩化带,绢英岩化带叠加在钾硅酸盐化带之内或在钾硅酸盐化带与青磐岩化带之间;②碰撞型,钾硅酸盐化带位于岩体核部周围,外围是青磐岩化带,绢英岩化带强烈叠加在钾硅酸盐化带内。这两种构造背景下的斑岩型矿床矿化中心普遍位于钾化蚀变的中心地带且位于侵入岩的顶部或顶部周围的围岩,因此对于斑岩型矿床勘查来说寻找钾化蚀变的核心地带是矿产勘查中的重点。

1.3.1.3 脉体组合特征

斑岩型矿床典型矿化模式为斑岩体内多种矿物组合类型的脉体,Gustafson 等(1975)将智利 EI Salvador 斑岩铜矿中的脉体划分为 A、B、D 三种类型,Dilles 等(1992)定义了 C 脉,Arancibia 等(1996)又定义了 M 脉,经国内外众多学者的补充认为:① A 脉,内部不对称,边界不规则、不连续,由等粒状石英、钾长石、硬石膏-硫化物组成,发育在钾硅酸盐化带内,为中期脉体;② B 脉,脉体连续,边界规则,石英从脉两壁向中间生长,石英脉内具有硫化物中心线,发育在钾硅酸盐化带内,为中期脉体;③ D 脉,后期石英-硫化物脉,含黄铁矿、黄铜矿、方铅矿、闪锌矿等多种硫化物,发育在绢英岩化蚀变带内,为晚期脉体;④ C 脉,脉体连续,具有定向性,石英-绿泥石化蚀变晕,含有黄铁矿,发育在钾硅酸盐化带与绢英岩化带过渡带内,为中晚期脉体;⑤ M 脉,磁铁矿-阳起石脉,可能含斜长石镶少量硫化物,发育在钠-钙硅酸盐化蚀变带内,为早期脉体。

上述 5 种脉体与矿化联系密切,其中以发育在钾硅酸盐化带内的 A 脉、B 脉和发育在绢英岩化蚀变带内的 D 脉尤为重要。Sillitoe(2010)认为若在绢英岩化带内发现 A 脉或 B 脉,则说明此处的绢英岩化带叠加在早期钾化蚀变带上,为矿化的中心地带;另外脉体的密度也能反映矿化情况,离矿化中心越近脉体越发育,反之向围岩浅部或岩体深部脉体密度逐渐变小,甚至消失;不同类型矿床会倾向发育不同脉体组合,如斑岩型铜钼矿床一般 B 脉、D 脉十分发育,斑岩型铜或铜金矿床则倾向于 A 脉、M 脉。目前 A 脉、B 脉、D 脉以及 C 脉、M 脉等脉体组合、密度等信息成为矿区勘查靶区确定和矿石品位预测的有效指标之一。

1.3.2 成矿系统与成矿预测研究现状

1.3.2.1 成矿系统研究现状

成矿系统这一概念最早由俄罗斯地质学者于 20 世纪 70 年代提出,并表述为由成矿物质来源、运移通道和矿化堆积场所组成的一个自然系统。随着国内外地质学家研究的深入,成矿系统成为矿床学全球化、系统化研究的热点,国内学者於崇文(1994)、李人澍(1996)等在成矿系统研究上取得了丰硕的成果,翟裕生(1999)将成矿系统定义为在一定的时-空域中控制矿床形成、保存的全部地质要素和成矿作用过程,以及所形成的矿床系列和异常系列构成的整体,它是具有成矿功能的一个自然系统。近年来成矿系统开始逐步运用在找矿勘查领域,如翟裕生(2000)开始探索将成矿系统的理论认识延伸到矿产勘查的成矿预测,刘建明等(2004)研究大兴安岭区域成矿特征,归纳主要成矿系列。现今越来越多的地质学者开始关注多金属成矿体系,如斑岩型-浅成低温热液型的铜-钼-金多金属成矿系统、斑岩型-矽卡岩型-热液脉型铁-铜-钼-铅-锌多金属成矿系统等(王治华等,2012;王继春,2017;赵新福等,2019),这些研究将促进成矿系统的发展,为指导矿产勘查工作及地质找矿勘查工作系统化发展提供理论依据。

1.3.2.2 成矿预测研究现状

成矿预测在 20 世纪 50 年代仅作为一种辅助手段,主要用来检验成矿规律的正确性。在 20 世纪 70 年代随着计算机地理信息技术(GIS)的建成,与成矿密切相关的各类要素、数据以 GIS 为平台应用到了成矿预测研究中,如 Agterberg(1992)研制出在 GIS 环境下的矿产资源定量化预测和评价方法。后续由于计算机技术和找矿技术手段的发展,地质学者能够将地质、地球物理、地球化学、遥感等多种类型数据综合应用到成矿预测中,产生了众多预测方法和成果:以矿床模型为基础的"三步式"矿产资源评价方法和程序(Harris,1984);赵鹏大和池顺都(1991)提出的以"求异理论"为代表的科学找矿评价理论方法体系;中国地质科学院矿产资源研究所基于证据权重法开发的矿产资源评价系统(MRAS)。现如今,以成矿系统理论为指导进行成矿预测越来越受到关注,如 McCuaig 等(2010)对造山型金矿床从区域到远景区不同尺度上成矿的关键问题按照成矿系统的思路进行了分类,Kreuzer 等(2015)对澳大利亚东南部某斑岩型 Cu-Au 成矿省按照成矿系统的方式将找矿信息分类和提取并进行了成矿预测,这些方法的提出有助于矿产勘查预测方法技术向系统化、理论化方向发展。

1.3.3 地球化学数据提取蚀变矿物研究进展

在过去的十几年里,国外勘查地球化学在多元素化探数据分析处理上取得了进展,Russell 和 Stanley(1990)开始研究元素摩尔比值分析法的基础原理,即通过矿物化学式中不同元素化学计量数的比值来提取与成矿有关的矿物信息(Stanley,2019)。随着测试分析程序的发展,样品的多元素主要氧化物浓度数据已容易获得,此种方法已被多家矿业公司应用在矿产勘查和采矿工作中,如应用于矿产勘探的热液蚀变矿物组合填图(Urqueta et al.,2009),其有效性已得到证实。近些年国外学者在建立完整体系流程(Escolme et al.,2019)和元素摩尔比值实际应用(Halley,2020)两个方面应用此种方法进行实践均取得了不错的效果。此方法优势为由传统的分析程序相对简单的地球化学分析方法(单变量分析)发展为应用范围更大、更全面的多元素分析程序,使地球化学数据通过元素间的化学计量数比值与蚀变矿物、矿化作用建立联系。

1.3.4 研究区研究现状

北山成矿带地处天山-兴蒙造山系和新疆北山裂谷带东延交会衔接部位,两大构造在该区域形成了独特的构造格局,经历了长期而复杂的地质演化过程。经众多学者(杨合群等,2008;姜寒冰等,2012;辛后田等,2020)研究表明,该区域历经前寒武纪准噶尔地块东延地带及敦煌地块古陆核形成,加里东期古陆核的裂解—洋化—闭合演化,海西期北山大陆开合演化,印支期大陆形成和燕山期盆-山构造改造以及喜马拉雅期抬升剥蚀和准平原化,形成了现在的构造格架和地貌格局。北山成矿带具有良好的成矿条件和丰富的矿产种类,是我国金属矿产的主要资源地之一(习近勇等,2014;江彪等,2022)。北山地区规模较大的金属矿床主要有黑鹰山铁矿、碧玉山铁矿、七一山热钨锡矿、国庆钨矿床、老硐沟金矿、阿木乌苏锑矿、鹰嘴红山钨钼矿、额勒根乌兰乌拉铜钼矿、乌珠尔嘎顺铁铜矿、小狐狸山钼铅锌多金属矿、三个井金铅锌矿、流沙山钼金矿等。

园包山—小狐狸山地区位于北山成矿带北段,大地构造位于园包山古生代岛弧,该岛弧为古亚洲洋向旱山地块俯冲作用下的产物,区内发育高石山铜金矿床、独龙包钼铜矿床及小狐狸山钼铅锌多金属矿床,是研究内蒙古北山成矿带北段斑岩型矿床的有利位置。自20世纪60年代内蒙古多家地勘单位在该地区开展矿产勘查工作以来,区内已完成1∶5万地质矿产、高精度地面磁测、地球化学调查等地质调查工作,然后于2004—2012年完成了高石山矿区预查、普查工作,区内共圈定45条铜、铜金、铜金多金属矿体,具有良好的成矿潜力。

1.3.5 存在问题

(1)以往的研究多集中于找矿勘查,对高石山斑岩型铜金矿床成矿地质条件、岩体的成岩时代、成矿潜力的研究较少,阻碍了区内斑岩型矿床找矿模型的建立。

(2)园包山—小狐狸山地区1∶5万地质、物探、化探资料丰富,但资料利用程度较低,未能充分挖掘已有资料提供的找矿信息。

(3)理论指导找矿研究不足,缺乏从斑岩型勘查系统角度对该地区整体成矿体系的认识,缺少以斑岩型成矿系统的概念进行中大比例尺度成矿预测,限制了区内对斑岩型矿床进一步的找矿突破。

1.4 研究内容、技术路线

1.4.1 研究内容

本研究首先以园包山—小狐狸山研究区内的高石山铜金矿床为研究对象,通过前期系统的资料收集、野外地质调查、岩相学和矿相学研究,查明高石山铜金矿床地质特征,利用锆石U-Pb年代学、全岩主微量元素、锆石Hf同位素与锆石微量元素地球化学等方法分析高石山矿床石英闪长岩体的成岩时代和成矿潜力,再结合矿床剥蚀程度、围岩蚀变分带特征、短波红外光谱特征、地球化学及地球物理找矿信息综合判断高石山矿区的成矿有利地段即找矿方向,然后,探究从高石山周缘地区化探数据中提取蚀变矿物的新方法——一般元素比分析法,并以提取的蚀变矿物为证据图层之一进行高石山周缘矿田尺度成矿预测。最后,以成矿系统理论的思维构建综合找矿模型,并在此基础上提取园包山—小狐狸山研究区地质、物探、化探等找矿信息,开展区域尺度的证据权重法成矿预测并圈定找矿远景区。具体研究内容如下。

(1)在充分收集以往矿产勘查和科学研究成果资料的基础上,通过翔实的野外地质调查和室内岩相学、矿相学研究对高石山铜金矿床的地质特征进行系统的描述与总结,为后续综合研究工作打下基础。

(2)通过锆石U-Pb年代学对高石山矿区内石英闪长岩的年龄进行判断,并结合全岩主微量元素、锆石Hf同位素及锆石微量元素地球化学简要探讨矿区内石英闪长岩的岩浆起源、演化与成矿潜力,然后结合矿床剥蚀程度、围岩蚀变分带特征、短波红外光谱特征、物化探找矿信息综合判断高石山矿区的成矿有利地段。

(3)对高石山周缘地区的1:2.5万岩屑地球化学测量数据运用一般元素比分析法提取蚀变矿物,结合野外地质调查对提取结果进行验证。然后以提取的蚀变矿物为证据图层之一,结合地质和化探等信息进行高石山周缘地区矿田尺度成矿预测,为找矿勘查提供新思路。

(4)综合分析矿区至区域尺度地质特征、物探、化探信息,从成矿系统角度建立综合找矿模型。在斑岩型矿床综合找矿模型的基础上,提取园包山—小狐狸山地区地质、物探、化探等找矿信息,以成矿系统理念为指导应用MARS软件,对所提取的找矿信息进行园包山—小狐狸山区域尺度成矿预测,指出该区域下一步找矿方向。

1.4.2 研究思路和技术路线

本书的研究思路主要为:首先在系统地收集研究区及矿区勘查资料、前人研究资料以及野外实地调研的基础上,对典型矿床——高石山铜金矿床开展岩相学和矿相学研究,包括岩性鉴定和特殊现象研究,确定岩石岩性分类,观察矿物的组成及矿石的结构构造,查明矿区主要蚀变类型,确定矿床类型,对与成矿相关的石英闪长岩样品开展锆石U-Pb年代学、全岩主微量元素、锆石Hf同位素和锆石微量元素分析,确定成岩时代、成矿潜力;其次,结合矿床剥蚀程度、围岩蚀变分带特征、短波红外光谱特征、物化探找矿信息等综合判断高石山矿区的成矿有利地段即找矿方向;然后,以高石山周缘地区为对象探索化探数据提取蚀变矿物的新方法,并结合地质、物化探等信息开展矿田尺度的证据权重法成矿预测,为矿产勘查提供新思路;最后,以斑岩型成矿系统理论为指导构建综合找矿模型,在此基础上对研究区地质、物探、化探等找矿信息进行解析并运用证据权重法进行区域尺度的成矿预测,圈定成矿远景区。本书的研究技术路线具体见图1-4。

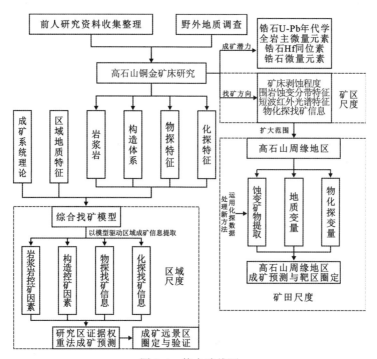

图1-4 技术路线图

第 2 章 研究区地质矿产特征

2.1 大地构造背景

内蒙古北山成矿带位于中亚造山带的中南部,夹持于西伯利亚板块和塔里木板块、华北板块之间(图 2-1A)。区内经历了前寒武纪陆块基底形成、古生代洋-陆转换、中生代板内构造作用等多个阶段长期而复杂的地质演化过程,以月牙山-洗肠井蛇绿混杂岩带为界可划分为北侧的北山古生代造山带和南侧的敦煌陆块。前者自北向南依次发育雀儿山-园包山古生代岛弧、白山岩浆弧、明水-旱山地块、公婆泉岛弧岩浆弧等构造单元,后者由古硐井中—新元古代克拉通盆地和红柳大泉晚古生代陆内裂谷等构造单元组成(左国朝等,1990;何世平等,2002)(图 2-1B)。

园包山—小狐狸山研究区位于北山成矿带北段,主体位于园包山古生代岛弧,南以红石山-百合山晚古生代蛇绿混杂岩带为界与白山岩浆弧相接(图 2-1B)。区内岩浆岩发育,火山活动强烈,断裂构造发育,其中石炭—三叠纪岩浆岩与北西向断裂构造是区内控制矿床形成与分布的主要因素。目前区内已发现高石山铜金、独龙包钼铜及小狐狸山钼铅锌多金属等矿床,是研究斑岩型矿床的有利位置。

2.2 地 层

根据《中国区域地质志·内蒙古志》,研究区前中生代地层属塔里木-南疆地层大区之觉罗塔格-黑鹰山地层分区,中新生代为塔里木地层大区之北山地层分区。区内地层发育,古生界、中生界及新生界均有出露,其中以新生界第四系分布最广,次为古生界(表 2-1,图 2-2)。区内各地层主要特征从老到新简述如下。

2.2.1 下古生界

2.2.1.1 奥陶系

依据岩性组合不同,研究区内奥陶系可细分为罗雅楚山组(O_1l)、咸水湖组(O_2x)和锡林

第 2 章 研究区地质矿产特征

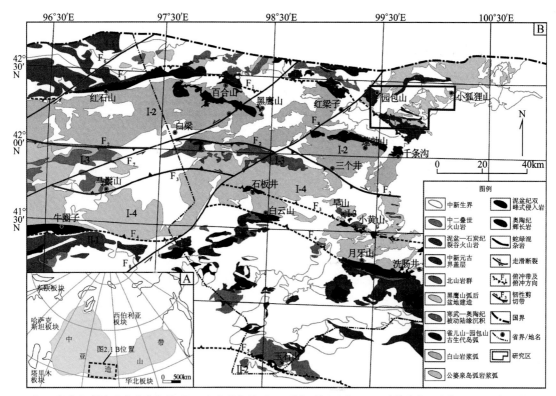

Ⅰ-1.雀儿山-园包山古生代岛弧；Ⅰ-2.白山岩浆弧；Ⅰ-3.明水-旱山地块；Ⅰ-4.公婆泉岛弧岩浆弧；Ⅱ-1.古硐井中—新元古代克拉通盆地；Ⅱ-2.红柳大泉晚古生代陆内裂谷；F_1.红石山-百合山蛇绿混杂岩带；F_2.白梁-三个井构造带；F_3.石板井-小黄山蛇绿混杂岩带；F_4.月牙山-洗肠井蛇绿混杂岩带；F_5.帐房山-玉石山蛇绿混杂岩带；F_6.星星峡走滑断裂；F_7.清河沟走滑断裂；F_8.红梁子走滑断裂

图 2-1 内蒙古北山成矿带大地构造位置图(A)与北山成矿带地质简图(B)(据辛后田等，2020 修编)

表 2-1 园包山—小狐狸山研究区地层划分一览表

地层单位					代号	厚度/m	沉积环境
界	系	统	群	组			
新生界	第四系	全新统			Q	>5.0	冲洪积物
中生界	白垩系	下统		赤金堡组	$K_1\hat{c}$	>249.0	湖
	侏罗系	中下统		龙凤山组	$J_{1-2}l$	>981.9	山前或山间河流
上古生界	二叠系	中下统		双堡塘组	$P_{1-2}\hat{s}$	>987.7	滨海-浅海
	石炭系			白山组	Cb	>471.5	主动大陆边缘岛弧
				绿条山组	Cl	>1 264.6	浅海
	泥盆系	中下统		红尖山组	$D_{1-2}h$	>673.7	浅海
				清河沟组	$D_{1-2}q$	>1 714.7	浅海

续表 2-1

地层单位					代号	厚度/m	沉积环境
界	系	统	群	组			
下古生界	志留系	上统		碎石山组	S_3ss	>1 678.5	滨海
		中上统		公婆泉组	$S_{2-3}g$	>891.2	浅海-半深海
						>948	
		下统		园包山组	S_1y	>885.6	浅海
	奥陶系	上统		锡林柯博组	O_3x	>1 984.1	陆源浅海
		中统		咸水湖组	O_2x	>2 983.0	海相火山岩
		下统		罗雅楚山组	O_1l	>227.4	大陆边缘

柯博组(O_3x),在区内分布广泛,主要呈北西向分布在研究区西北部园包山至南部黑石山一带,少部分出露于小狐狸山周围,与上覆岩系多为角度不整合接触或断层接触。具体特征如下。

罗雅楚山组(O_1l)岩性主要为灰色粉砂岩、杂砂岩、板岩夹灰岩和少量火山岩,区内出露厚度大于 227.4m,该地层形成于大陆边缘沉积环境。

咸水湖组(O_2x)岩性主要为灰白—灰绿色安山岩、英安岩、安山质晶屑岩屑凝灰岩夹砂岩、灰岩,区内出露厚度大于 2 983.0m,该地层具海相火山岩建造特征。

锡林柯博组(O_3x)岩性主要为灰—深灰色粉砂岩、板岩夹少量安山岩,区内出露厚度大于 1 984.1m,该地层形成于陆源浅海环境。

2.2.1.2 志留系

志留系在区内出露园包山组(S_1y)、公婆泉组($S_{2-3}g$)和碎石山组(S_3ss),且以公婆泉组出露面积最大,主要分布在研究区西北部园包山至东北部高石山一带,与上下岩系多为断层接触。具体特征如下:

园包山组(S_1y)岩性主要为黄绿—灰绿色粉砂岩、杂砂岩夹泥岩、页岩及少量钙质细砂岩透镜体,区内出露厚度大于 885.6m,该地层形成于浅海环境。

公婆泉组($S_{2-3}g$)依据岩性组合可划分为上、下两段。其中下段为一套沉积碎屑岩,岩性为灰色粉砂岩、细砂岩夹泥质板岩,区内出露厚度大于 948.0m,上段为一套海相火山岩建造,岩性为安山岩、安山质火山角砾岩、安山质凝灰岩,区内出露厚度大于 891.2m,该地层形成于浅海-半深海环境,为岛弧火山活动产物。

碎石山组(S_3ss)岩性主要为灰黑色安山岩、安山质凝灰岩,区内出露厚度大于 1 678.5m,形成于滨海环境。

第 2 章 研究区地质矿产特征

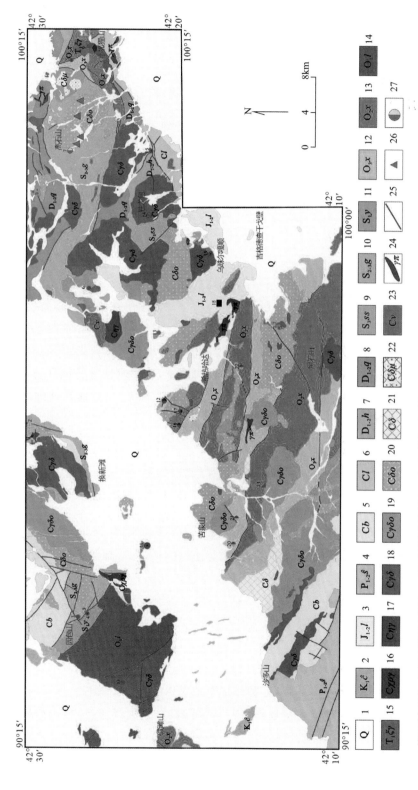

图 2-2 园包山—小狐狸山研究区地质矿产图

1.第四系全新统；2.下白垩系赤金堡组；3.中下侏罗统龙凤山组；4.中下二叠统双堡塘组；5.石炭系白山组；6.石炭系公婆泉组；7.中下泥盆统红头山组；8.中下泥盆统绿条山组；
9.上志留统碎石山组；10.中上志留统公婆泉组；11.下志留统园包山组；12.上奥陶统锡林柯博组；14.下奥陶统罗雅楚山组；15.早二叠世正长花岗岩；
16.石炭纪碱长花岗岩；17.石炭纪二长花岗岩；18.石炭纪花岗闪长岩；19.石炭纪英云闪长岩；21.石炭纪石英闪长岩；22.石炭纪闪长岩；23.石炭纪辉长岩；
24.花岗斑岩岩脉；25.断裂；26.岩体采样位置；27.矿点及编号

2.2.2 上古生界

2.2.2.1 泥盆系

泥盆系在区内出露清河沟组（$D_{1-2}q$）和红尖山组（$D_{1-2}h$），分布于高石山、小狐狸山附近，整体上呈北西—近东西向带状展布，与下伏上志留统碎石山组和上覆石炭系绿条山组均呈断层接触。具体特征如下。

清河沟组（$D_{1-2}q$）岩性主要为灰—深灰色岩屑细砂岩、粉砂岩、粉砂质泥岩夹少量安山岩，区内出露厚度大于1 714.7m，形成于浅海环境。

红尖山组（$D_{1-2}h$）岩性主要为灰绿色安山岩、安山质凝灰岩夹砂岩、粉砂岩及大理岩透镜体，区内出露厚度大于673.7m，岩石普遍硅化、碳酸盐化，属浅海相沉积。

2.2.2.2 石炭系

石炭系在研究区仅出露绿条山组（Cl）和白山组（Cb）。绿条山组在区内出露面积小，仅在高石山南呈北东向条带状展布。白山组在区内分布较为广泛，呈北西向或北东向分布在园包山北、沙多山等地，与上、下岩系多为断层接触或角度不整合接触。具体特征如下。

绿条山组（Cl）为一套浅海相碎屑岩夹中基性火山岩建造，主要岩性为石英砂岩、砾岩、硅质岩，夹少量安山质凝灰岩、凝灰熔岩，区内出露厚度大于1 264.6m。目前在该地层与晚石炭世侵入岩外接触带新发现1处铅锌矿点。

白山组（Cb）岩性主要为灰绿—灰紫色安山质凝灰岩、安山岩，区内出露厚度大于471.5m，形成于岛弧环境。

2.2.2.3 二叠系

二叠系在区内仅出露双堡塘组（$P_{1-2}\hat{s}$），该地层分布于沙多山南部，呈北西向展布，与下伏白山组（Cb）呈角度不整合或断层接触，与龙凤山组（$J_{1-2}l$）未见接触。该组岩性主要为灰黑色岩屑长石砂岩、中细粒砂岩、砂砾岩，区内出露厚度大于987.7m，形成于滨海-浅海环境。

2.2.3 中生界

2.2.3.1 侏罗系

侏罗系在区内仅见龙凤山组（$J_{1-2}l$），主要分布于乌珠尔嘎顺—独龙包一带，不整合覆于其他老地层之上。该组岩性主要为灰—灰褐色砂岩、砾岩、页岩夹煤层，区内出露厚度大于981.9m，形成于山前或山间河流环境。

2.2.3.2 白垩系

白垩系在区内仅出露赤金堡组（$K_1\hat{c}$），零星分布在园包山—沙多山一带，与下伏志留系和石炭系呈角度不整合接触,上被第四系覆盖。下部为灰黄—灰红色粉砂岩、粉砂质泥岩夹暗紫红色钙质砂岩;上部为土黄色复成分砂砾岩、杂砂岩,区内出露厚度大于249.0m,具潮湿环境下湖相沉积特征。

2.2.4 新生界

新生界在区内分布广泛,主要沿沟谷、山麓边坡等地势较低洼地带分布,主要出露第四系(Q),按成因类型可划分为冲洪积物、冲积物、洪积物。

2.3 构　造

研究区位于北山造山带北段,大地构造位置位于园包山古生代岛弧。区内经历了俯冲造山、弧陆碰撞、造山后伸展以及板内构造演化等地质事件,形成了以断裂和褶皱为主的构造格局(图2-2)。

2.3.1 褶皱构造

研究区褶皱构造较发育,主要分布于古生界,且受后期构造和岩浆侵入活动影响明显,褶皱多被石炭纪中酸性岩体侵入,两翼部分地层缺失,与核部常呈断层接触。现就区内规模较大的主要褶皱简述如下。

2.3.1.1 高石山-小狐狸山复式背斜

该背斜位于独龙包北西—高石山—小狐狸山一带,呈近东西向展布,向西延伸至高石山第四系砂砾层附近,向东延伸至小狐狸山三叠纪岩体附近,出露全长约30km。该褶皱可分为两个部分:①主体部分为背斜,核部由中上志留统公婆泉组构成,两翼由泥盆系清河沟组、红尖山组和石炭系绿条山组构成,长约25km,总体走向285°,两翼较为对称,倾角45°~65°,两翼均被石炭纪花岗闪长岩侵入,并被近东西向压性断层破坏;②小狐狸山附近局部为向斜,核部为奥陶系锡林柯博组,两翼为奥陶系咸水湖组,可见长度约5km,该段向斜总体走向280°~290°,两翼倾角50°~70°,局部整体被断层切割严重。

2.3.1.2 希热哈达北-沙多山东复式背斜

该背斜位于研究区南部,呈北西西向展布,向西延伸至沙多山—苦泉山一带,向东延伸至吉格德查干戈壁,均被第四系砂砾层覆盖,出露全长约35km,总体走向295°。该褶皱可分为两个部分:①整体上来看,该背斜的核部为奥陶系,北翼为侏罗系龙凤山组,南翼为石炭系白山组,两翼和核部均被石炭纪英云闪长岩、石英闪长岩不同程度地侵入,两翼地层大部分缺失,两翼不对称,北翼产状290°∠15°,南翼产状295°∠45°;②核部为向斜-背斜组合,奥陶系咸水湖组(O_2x)和锡林柯博组(O_3x)在希热哈达—黑石山一带交替出露,形成一系列向斜-背斜组合,长20~30km,两翼较对称,倾角45°~65°。

2.3.2 断裂构造

断裂构造在研究区各地均有发育,按走向可分为近东西向、北东向、北西—北西西向及近南北向4组,其中以近东西向断裂和北西—北西西向断裂最为发育,且形成时间早于北东向和近南北向断裂。现就主要断裂简述如下。

2.3.2.1 近东西向断裂

该断裂分布在研究区东南部,从高石山至黑石山一带形成一系列近乎平行的近东西向展布的压性断层,规模较大,倾角50°~60°,可见延长15~20km。断裂附近岩层变形强烈,部分区段发育宽15~20m的构造破碎带,带内岩石破碎严重且有绿帘石化、绿泥石化、硅化等蚀变现象。该组断裂从整体走向上看不连续,被后期北西向、北东向断裂切断。

2.3.2.2 北西—北西西向断裂

该断裂在研究区分布较广,主要分布在园包山—碱滩山一带,为一系列呈北西—北西西向展布的压扭性、扭性断层,倾角45°~60°,可见延长约10km。断裂局部区段发育定向明显的次棱角状角砾或构造破碎带,其中破碎带内常发育沿断裂带次级裂隙充填的雁列状石英脉群,其内局部有褐铁矿化、孔雀石化蚀变现象。该组断裂多被北东向断裂切断,在园包山等地形成菱形网状格局。

2.4 岩浆岩

北山造山带以北的古亚洲洋自晚寒武世开始向南俯冲,在此背景下研究区内岩浆和构造活动频繁,岩浆侵入和喷发活动较为普遍,形成了区内大规模、多类型的侵入岩和火山岩(图2-2)。

2.4.1 侵入岩

区内侵入岩分布广泛,基性—酸性岩均有出露,其中以中酸性侵入岩规模最大、数量最多,多呈规模较大的岩株状、岩基状产出,中性岩和基性岩多以小岩株、岩枝、岩脉等形式小规模产出。岩体形成时代分为石炭纪和三叠纪,且多集中在石炭纪,在空间分布上严格受区域构造体系控制,总体沿北西—北西西向断裂带分布。

2.4.1.1 石炭纪侵入岩

该时代侵入岩在全区内均有分布,岩性从基性至酸性分别为辉长岩、闪长岩、闪长玢岩、石英闪长岩、英云闪长岩、花岗闪长岩、二长花岗岩、碱长花岗岩,其中以石英闪长岩、英云闪长岩、花岗闪长岩最为发育,且高石山铜金矿床、独龙包钼铜矿床、苦泉山金铜矿化点等均分布在这3类中酸性岩体附近,与铜多金属矿化成矿关系密切。

辉长岩(Cν)：零星分布于独龙包西北部、高石山西南部、沙多山东等地，呈岩株状、岩脉状产出，侵入志留系公婆泉组、石炭系绿条山组。岩石呈灰绿色，辉长结构，块状构造，矿物成分主要为辉石、普通角闪石、斜长石，岩石中暗色矿物常见绿泥石化、阳起石化。

闪长岩(Cδ)：主要分布于苦泉山南，呈岩株状产出，展布方向均与所处部位的构造线方向一致。岩石呈灰绿色，细粒结构，块状构造，矿物成分为斜长石、角闪石、黑云母。

闪长玢岩(Cδμ)：零星分布在高石山、小狐狸山及希热哈达等地，呈小岩株状沿北西向构造线展布，侵入奥陶系、志留系、泥盆系。岩石呈灰绿色，变余斑状结构，块状构造，斑晶为斜长石，基质主要由斜长石、绿泥石和阳起石等蚀变矿物组成。岩石蚀变较强，角闪石全部被交代为绿泥石、阳起石。

石英闪长岩(Cδo)：广泛分布于园包山东、高石山、乌珠尔嘎顺北、苦泉山—黑石山北等地，呈岩基状、岩株状、岩枝状产出。岩石呈浅灰色，中细粒结构，块状构造，矿物成分主要为斜长石、钾长石、石英及少量角闪石、黑云母。岩石受后期热液影响具绿帘石化，局部发育绢云母化。

英云闪长岩(Cγδo)：主要分布于换新滩西北部、独龙包西部、苦泉山东南部、沙多山东一带，呈岩株状、岩基状产出。岩石呈灰色，中细粒结构，块状构造，矿物成分主要为斜长石、钾长石、石英及少量黑云母，粒径 0.3~2.0mm。岩石具轻度绢云母化、绿帘石化。

花岗闪长岩(Cγδ)：广泛分布于换新滩、高石山西南部、独龙包、乌珠尔嘎顺、碱滩山东北部、沙多山东南部等地，呈岩株状、岩基状产出。岩石呈灰白色，中细粒花岗结构，块状构造，矿物成分主要为斜长石、钾长石、石英及少量黑云母，粒径 0.5~3.0mm。岩石局部发育绿帘石化、绿泥石化、绢云母化，斜长石、钾长石、黑云母等矿物蚀变交代现象较常见。

二长花岗岩(Cηγ)：分布于换新滩北部、独龙包西北部，呈小岩株状产出。岩石呈灰色，中粒花岗结构，块状构造。矿物成分主要为斜长石、钾长石、石英及少量黑云母。

碱长花岗岩(Cχoγ)：分布在园包山东南部，呈小岩株状产出，近南北向展布。岩石新鲜面灰红—灰白色，风化面呈灰黄色，细粒花岗岩结构，块状构造，矿物成分主要为钾长石、石英。

2.4.1.2 三叠纪侵入岩

该时代侵入岩在研究区内仅出露少量正长花岗岩($T_1\xi\gamma$)，在高石山—黑石山、小狐狸山、沙多山东南部等地零星分布，呈小岩株、岩墙及岩脉状产出。岩石呈浅红—肉红色，中细粒花岗结构，块状构造，矿物成分主要为斜长石、钾长石、石英、黑云母，粒径 0.2~4.0mm。岩石中斜长石、钾长石具有轻高岭土化，黑云母多被白云母、绿泥石交代。

2.4.2 火山岩

北山造山带古生代板块构造运动活跃，奥陶纪—石炭纪时期火山喷发活动频繁。研究区内火山岩主要与碎屑岩呈互层及夹层产出，独立分布者较少且多呈带状分布于断裂带两侧，主要发育在咸水湖组(O_2x)、锡林柯博组(O_3x)、公婆泉组($S_{2-3}g$)、碎石山组(S_3ss)、红尖山组($D_{1-2}h$)及白山组(Cb)内，多属海底火山喷发产物。

2.5 构造演化

北山地区在漫长的地质历史过程中,经历了复杂的构造运动和频繁的岩浆作用,形成了当今的构造局面。北山造山带以北的蒙古国境内存在的古亚洲洋自晚寒武世开始发生俯冲,造就了北山地区不同时代的岛弧、蛇绿岩、增生楔和微陆块碰撞形成的复杂造山带(刘雪亚和王荃,1995;左国朝等,2003;杨合群等,2010)。根据地层、岩浆岩、变质岩和构造特征,结合区域地质对比,研究区构造演化基本可以划分为以下几个演化阶段(图2-3)。

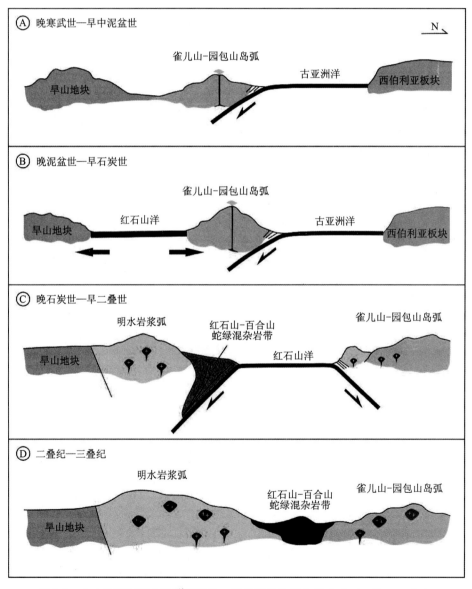

图 2-3 北山地区红石山洋晚寒武世—三叠纪构造演化图(据辛后田等,2020 修改)

(1)晚寒武世—早中泥盆世俯冲增生期。自晚寒武世—早奥陶世开始,古亚洲洋向南侧旱山地块俯冲,导致南侧发生强烈的岩浆活动,在内蒙古北山成矿带北段的雀儿山、额勒根乌兰乌拉、园包山一带形成雀儿山-园包山岛弧(谢春林等,2009;任邦芳等,2019;陈智斌等,2020)中晚志留世—早中泥盆世,岩浆活动进入高峰期,形成区域上大规模分布的晚志留世—泥盆纪岛弧岩浆带(任邦芳等,2019)(图2-3A)。

(2)晚泥盆世—早石炭世弧后洋盆扩张期。晚泥盆世—早石炭世,由于研究区北侧的古亚洲洋持续向旱山地块俯冲,在园包山岛弧带南侧形成红石山晚古生代弧后盆地(辛后田等,2020)。随着古亚洲洋向南侧持续俯冲,红石山处的弧后盆地持续拉张,最终形成红石山洋盆(牛文超等,2019)(图2-3B)。

(3)晚石炭世—早二叠世陆缘弧形成期。晚石炭世开始,红石山洋盆向南、北两侧俯冲,并随着俯冲、闭合过程的进行,最终在红石山-百合山沿线形成整体呈北西西向展布的蛇绿混杂岩带(牛文超等,2019)。在红石山洋盆俯冲、消减的过程中,洋盆的南、北两侧形成了一套具陆源弧性质的石炭纪火山岩组合和花岗质侵入岩(王小红等,2013;赵志雄等,2018;李敏等,2019)。此后,随着洋盆进一步消减,弧陆碰撞,由于内蒙古北山成矿带北段有南北向的应力作用,区内地层发生明显的构造变形,构成北山成矿带北段整体上呈北西向的构造(辛后田等,2020)(图2-3C)。

(4)中—晚二叠世后造山伸展期。早二叠世中—晚期,红石山洋俯冲闭合,北侧的雀儿山-园包山岛弧和南侧的旱山地块最终以弧陆碰撞的方式发生拼贴,中下二叠统双堡塘组角度不整合于石炭系白山组之上,预示着北山地区晚古生代碰撞造山作用的结束(牛文超等,2019;辛后田等,2020)(图2-3D)。

(5)中生代板内构造演化阶段。二叠纪—三叠纪北山地区进入造山后伸展构造体制,区内的早三叠世正长花岗岩即在该时期形成。此外,受晚三叠世印支运动的影响,研究区在北东-南西向构造应力场下发育大量褶皱和断裂。早白垩世在青藏高原由南向北挤压的远程效应影响下,北山地区发育走滑断裂构造并形成拉分盆地,沉积了赤金堡组滨、浅湖相沉积建造。随着南北向挤压的加剧,北山地区在晚白垩世—中新世整体抬升,遭受风化剥蚀(辛后田等,2020)(图2-3D)。

2.6 矿　产

研究区隶属于天山-北山成矿带的东延部分——北山地区,觉罗塔格-黑鹰山 Cu-Ni-Fe-Au-Ag-Mo-W-石膏Ⅲ级成矿带,区内受古亚洲洋演化的影响,经历了多期次岩浆活动和构造演化等事件,拥有良好的成矿地质背景。截至目前,区内已发现矿床、矿点、矿化点23个,主要矿床有高石山铜金矿床、独龙包钼铜矿床、小狐狸山钼铅锌多金属矿床、嘎顺布拉格磁铁矿矿床等,具体信息见表2-2。这些矿床的形成与海西期园包山岛弧演化密切相关,大多数矿床、矿点受海西期侵入岩影响,构造控制明显,主要沿北西西向或近东西向构造及岩体与地层的接触带分布。

表 2-2 园包山—小狐狸山研究区主要矿床(点)一览表

编号	矿产地名称	时代	矿床类型
1	换新滩北金多金属矿点	海西期	石英脉型
2	换新滩北金矿点	海西期	热液型
3	园包山铜矿化点	海西期	热液型
4	园包山铁矿化点	海西期	矽卡岩型
5	园包山北东银钼矿化点	海西期	石英脉型
6	独龙包北铜矿化点	印支期	热液型
7	高石山铜金矿床	海西期	斑岩型
8	小狐狸山东磁铁矿矿化点	印支期	气成热液-矽卡岩型
9	小狐狸山钼铅锌多金属矿床	印支期	斑岩型
10	碱滩山东铜矿点	海西期	热液型
11	嘎顺布拉格磁铁矿矿床	海西期	热液型
12	希热哈达北铅锌矿点	海西期	热液型
13	独龙包西钼矿化点	海西期	/
14	独龙包钼铜矿床	海西期	斑岩型
15	高石山南褐铁矿矿化点	海西期	沉积型
16	希热哈达北铅锌矿化点	海西期	热液型
17	希热哈达北铜铅锌矿化点	海西期	热液型
18	乌珠尔嘎顺煤矿床	燕山期	湖沼相沉积型
19	乌珠尔嘎顺铁铜矿床	海西期	接触交代矽卡岩型
20	苦泉山西金铜矿化点	海西期	热液型
21	苦泉山金铜矿化点	海西期	热液型
22	吉格德查干金铜矿化点	海西期	热液型及斑岩型
23	嘎顺布拉格冰洲石矿点	海西期	热液型

第3章 高石山铜金矿床地质特征

高石山铜金矿床位于内蒙古额济纳旗北西100km，北与蒙古国毗邻，在大地构造位置上处在园包山古生代岛弧东部边缘，属于高石山-小狐狸山复式背斜的核部，东与小狐狸山钼铅锌多金属矿床相邻，南西有独龙包、乌珠尔嘎顺等一系列矿床。矿区内地层出露单一，仅见新生界第四系和志留系公婆泉组。侵入岩主要分布在矿区东北角，为石炭纪石英闪长岩；脉岩主要分布在矿区南部，为闪长玢岩脉和闪长岩脉。北西—北西西向断裂构造控制了区内矿脉及矿体的分布，是区内主要控矿构造(图3-1)。

3.1 矿区地层

矿区内仅出露中上志留统公婆群组($S_{2-3}g$)和新生界第四系(Q)。

公婆泉组：在矿区内大面积分布。北部岩层多向北西倾，倾角15°～45°，到矿区南部倾向逐渐转为南西向，倾角20°～30°。岩性主要为粉砂岩、岩屑长石杂砂岩、安山岩、安山质晶屑岩屑凝灰岩，其中安山岩多环绕矿区东北角石英闪长岩分布，在两者接触地带附近有角岩化。此外安山岩普遍发育绿帘石化、绿泥石化、碳酸盐化，局部还发育黄铁矿化、绢云母化。该地层为矿区内有利的赋矿层位。

第四系：主要分布于矿区河槽、沟谷及洼地处，其岩性主要为冲洪积砂砾石、风积砂土，厚度3～5m。

3.2 矿区构造

矿区构造以断裂构造最为发育，按走向可分为近东西向、北北西向、北西—北西西向、北东向4组，其中北北西向、北西—北西西向、北东向3组断裂构造应为区内左行剪切体系产物。矿区北部构造规模较大、离岩体近，在后期岩浆热液活动下，多被改造为规模较大的蚀变带，而矿区南部多以北东向小规模断裂构造居多，多被闪长玢岩、闪长岩等充填或形成小规模矿化蚀变带。区内主要断裂构造特征如下。

(1)北北西向断裂。北北西向断裂是区内规模最大的构造，以F_1为中心沿沟谷中第四系向两端延伸贯穿整个矿区，中心F_1断裂以构造破碎带形式存在，其余地段以北北西向节理断续出露，总体走向340°。F_1构造破碎带宽约10m，可见延长约700m，倾向南西，带内岩石较为

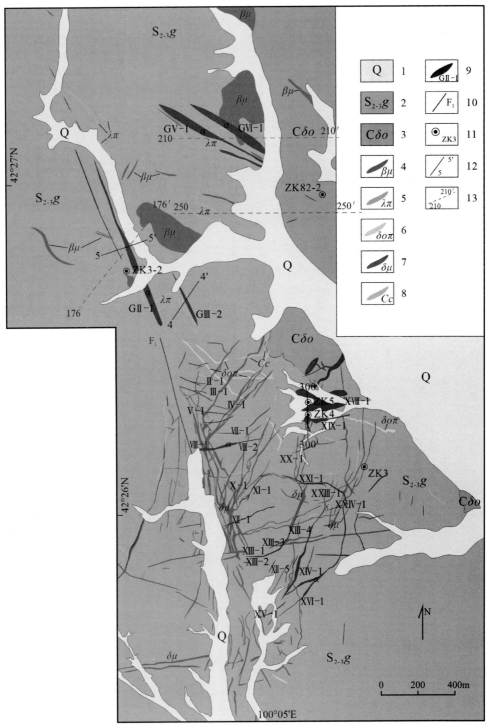

1.第四系;2.中上志留统公婆泉组;3.石炭纪石英闪长岩;4.辉绿玢岩脉;5.流纹斑岩脉;6.石英闪长斑岩脉;7.闪长玢岩脉;8.方解石脉;9.矿体/矿化蚀变带及编号;10.断裂;11.钻孔位置及编号;12.勘探线及编号;13.可控源音频大地电磁测深剖面线及编号

图 3-1 高石山矿区地质图

破碎,主要为粉砂岩和安山质晶屑岩屑凝灰岩,普遍发育绿泥石化、绿帘石化。在 F_1 北东侧可见擦痕,指示该组构造平面上具左行剪切特征(图 3-2A、B),对应于左行剪切体系下的 R 构造面。该方向断裂还控制了部分矿体的产出,如 F_1 以北在流纹斑岩脉内发育的 GⅡ-1、GⅢ-2 矿体。

(2) 北西—北西西向断裂。该组断裂在全区均有分布,规模大小不一,以矿化蚀变带、脉岩等形式存在。分布在矿区北部的多为岩体内及其附近的矿化蚀变带,其中 GⅤ-1、GⅥ-1 矿体所赋存的矿化蚀变带规模较大,宽 30~40m,长 500~600m,带内蚀变强烈,含矿性较好。矿区南部的构造则多被闪长岩脉、闪长玢岩脉充填,在 F_1 断裂附近发育多条北西西向矿化蚀变带,带内可见透镜体(图 3-2C),指示该组构造具右行剪切特征,对应区域左行剪切体系下的 R′ 构造面。该组断裂是区内重要的控矿构造。

(3) 北东向构造。该构造广泛分布于矿区南部,以脉岩、节理、矿化蚀变带等形式存在(图 3-2D—F),绝大多数被辉绿岩脉、闪长玢岩脉、闪长岩脉、流纹斑岩脉等充填,脉宽 2~15m,延伸 10~500m。少量北东向矿化蚀变带则分布在矿区东南部,走向 25°~50°,控制着 ⅩⅣ-1、ⅩⅤ-1、ⅩⅥ-1 等矿体产出。

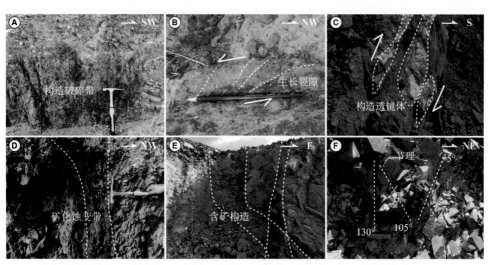

A. F_1 构造破碎带;B. 北北西向破碎带,充填有石英、方解石的生长裂隙;C. 含透镜体的北西向构造;
D. 北东向矿化蚀变带;E. 两组(南北向和北西向)含矿构造;F. 三组节理(走向分别为 5°、105°、130°)

图 3-2 高石山矿区构造特征

3.3 矿区内岩浆岩

矿区内岩浆岩主要为分布在矿区东北部的石炭纪石英闪长岩及广泛分布于全区的各类脉岩。脉岩主要包括闪长玢岩脉、流纹斑岩脉、辉绿玢岩脉,另出露少量石英闪长斑岩脉(图 3-1)。现对该岩浆岩简述如下:

石炭纪石英闪长岩主要分布于矿区东北部,呈岩株状产出,侵入志留系公婆泉组辉绿玢岩体。岩石呈灰—浅灰色,中细粒结构,块状构造,粒径 0.6~5mm。主要矿物成分为斜长石

(60%~65%)、石英(10%~15%)、钾长石(5%~10%)、暗色矿物(10%~15%)(图 3-3 F~I)。

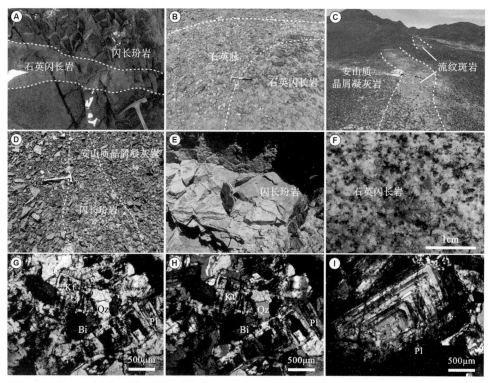

A. 石英闪长岩体穿切闪长玢岩;B. 石英脉穿切石英闪长岩;C. 流纹斑岩脉;D. 闪长玢岩脉;E. 闪长玢岩; F. 石英闪长岩手标本特征;G—I. 石英闪长岩显微特征。Pl. 斜长石;Qz. 石英;Kf. 钾长石;Bi. 黑云母

图 3-3　高石山矿区岩浆岩特征

闪长玢岩脉广泛分布在矿区南部的志留系公婆泉组中,主要沿北西向和北东东向构造裂隙充填,地表可见长100~2400m,宽5~30m,与围岩接触处岩石较破碎(图3-3E),侵入志留系公婆泉组安山质晶屑凝灰岩(图3-3D)。岩石呈暗灰—灰绿色,细粒斑状结构,块状构造(图3-3A、D、E)。

流纹斑岩脉主要分布于矿区东北部,侵入志留系公婆泉组安山质晶屑凝灰岩体。岩石新鲜面呈肉红色,风化面呈浅红色,块状构造,斑状结构(图3-3C)。

辉绿玢岩脉主要分布于矿区北部,呈岩株状、岩脉状产出,侵入志留系公婆泉组和石英闪长岩体。岩石呈灰绿色,块状构造,具辉绿、辉长结构,发育较强的绿泥石化、黑云母化、阳起石化。

3.4　矿体特征

矿区内共发现矿体45条,包括铜、金、铜金多金属、金锌及铁多金属矿体,共获得金属资源量铜6 428.31t,金608.88kg,伴生银534kg,伴生锌245t。整体上来看,矿体主要产于硅

第3章 高石山铜金矿床地质特征

化、碳酸盐化、绢云母化、绿帘石化蚀变带中,矿体的规模、形态、产状与其所赋存的蚀变带基本一致,赋矿围岩主要为安山岩、安山质凝灰岩及流纹斑岩。矿区内规模较大矿体的编号为GⅡ-1、GⅡ-2、GⅡ-3、GⅢ-1、ⅩⅨ-1,其基本特征如下。

GⅡ-1号矿体与下部的GⅡ-2号矿体赋存在同一条构造蚀变带中,产于中上志留统公婆泉组绢云母化安山岩内,900m标高以上目前总共由4个探槽、2个钻孔控制,为铜金共生矿体(图3-4A)。矿体长约600m,倾向延伸94m,走向340°左右,倾向南西,倾角70°~80°,埋藏标高982~1084m,厚度较为稳定,厚度0.93~2.9m,平均厚度2.51m,厚度变化系数19.2%。矿体呈脉状,其内裂隙发育,黄铜矿等多金属硫化物沿微裂隙呈细脉状或浸染状分布。铜品位0.44%~5.41%,平均品位1.41%;金品位(1.03~7.39)×10^{-6},平均品位3.66×10^{-6}。品位变化系数铜为101%,金为56%。

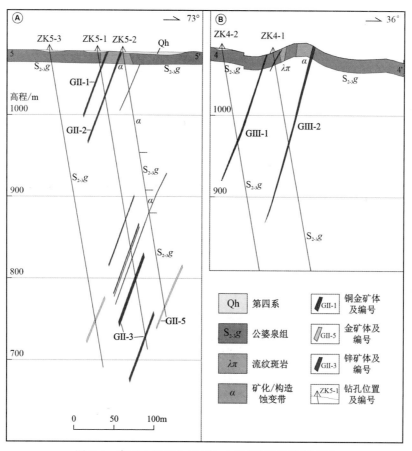

图3-4 高石山矿区5号(A)、4号(B)勘探线剖面图

GⅡ-2号矿体由2个钻孔控制,呈脉状产于公婆泉组硅化、碳酸盐化、绢云母化安山岩中,为铜金共生隐伏矿体(图3-4A)。矿体长约100m,延伸152m,走向340°左右,倾向250°,倾角70°,埋藏标高935~981m,厚度0.95~1.63m,平均厚度1.32m,厚度变化系数32.5%。该矿体在空间上矿化极不均匀,矿体北段以金为主,铜矿化较弱,南段以金铜为主并伴生银。矿体北段金品位(2.55~2.6)×10^{-6},平均品位2.55×10^{-6}。矿体南段,金品位(2.20~4.89)×

10^{-6},平均品位 3.5×10^{-6};铜最低品位 0.70%,最高品位 2.66%,平均品位 1.67%。品位变化系数铜为 145%,金为 23%。

GⅡ-3 号矿体由 ZK5-1 等 5 个钻孔控制,呈串珠状脉体赋存在公婆泉组硅化、绢云母化安山岩中(图 3-4A),为金锌共生隐伏矿体。矿体由多条近乎平行的脉体组成,长 40~75m 不等,总体走向 160°,倾向南西,倾角 60°~70°,埋藏标高 752~918m,厚度 0.90~2.32m,厚度变化系数 39%。该矿体矿化极不均匀,矿体北部以锌矿化为主,南部以金矿化为主。北部锌矿体,锌最低品位 0.20%,最高品位 1.22%,平均品位 0.64%。南部金矿体最低品位 0.11×10^{-6},最高品位 1.55×10^{-6},平均品位 1.01×10^{-6},金品位变化系数为 104%。

GⅢ-1 号矿体与下部的 GⅢ-2 号矿体互为平行脉,产于中上志留统公婆泉组蚀变安山岩中(图 3-4B),目前仅由 1 个钻孔 ZK4-2 控制,为铜金共生矿体。矿体长 40m,倾向延伸 190m,总体走向 345°,倾向南西,倾角 65°~75°,埋藏标高 945~985m,矿体厚度较稳定,平均厚度 1.58m,厚度变化系数 43%。金品位(0.22~21.90)$\times10^{-6}$,平均品位 7.21×10^{-6};铜最低品位 0.13%,最高品位 0.95%,平均品位 0.47%。品位变化系数铜为 75%,金为 99%。

ⅪⅩ-1 号矿体与下部的 ⅪⅩ-2~ⅪⅩ-4 号矿体互为平行脉,呈脉状产于闪长玢岩脉内(图 3-5),共由 3 个探槽、3 个钻孔控制,为铜矿体。矿体长 133m,倾向延伸 112m,走向 84°,产状 354°∠72°,埋藏标高 955~1060m。矿体厚度较稳定,厚度 3.13~4.72m,平均厚度 3.80m,厚度变化系数 19.34%。铜品位 0.22%~0.63%,平均品位 0.45%,铜品位变化系数为 39.95%。

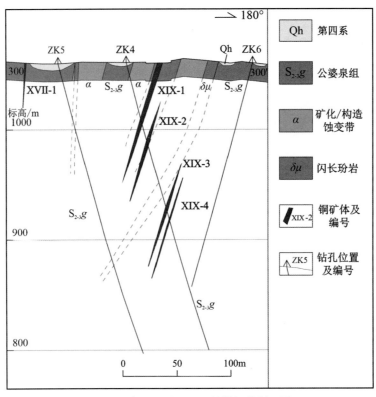

图 3-5 高石山矿区 300 号勘探线剖面图

3.4.1 矿石物质组成

在矿区野外地质调查的基础上结合室内手标本观察及镜下岩矿鉴定结果,根据矿石组构、矿物组合间差异及穿插关系等宏微观特征,可将高石山铜金矿床的脉状矿化依次划分为 4 种类型:①黄铜矿-磁铁矿-黄铁矿脉(图 3-6A、B);②磁铁矿-黄铁矿-石英-磁黄铁矿脉(图 3-6C);③黄铁矿-黄铜矿脉(图 3-6D、E);④黄铁矿-石英-黄铜矿-毒砂-闪锌矿-磁黄铁矿脉(图 3-6F、G)。总体上,各类脉状矿石中金属矿物主要由黄铜矿、黄铁矿、磁铁矿,及少量闪锌矿、磁黄铁矿、赤铁矿、毒砂组成,非金属矿物主要由方解石、石英、钾长石、绢云母、绿泥石等组成,现将主要矿物特征描述如下。

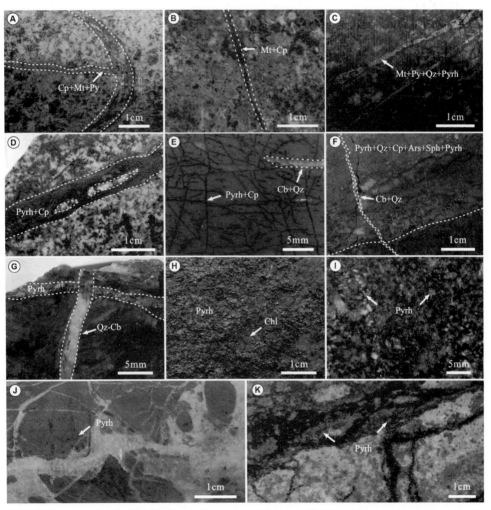

A. 轻微钾化蚀变的石英闪长岩内分布有黄铜矿-磁铁矿-黄铁矿脉;B. 黄铜矿-磁铁矿细脉穿切早期钾化脉;C. 一组平行的磁铁矿-黄铁矿-石英-磁黄铁矿细脉;D. 绿泥石化围岩中的黄铁矿-黄铜矿脉;E. 网脉状黄铁矿-黄铜矿脉被后期碳酸盐-石英脉穿切;F、G. 黄铁矿-石英-黄铜矿-毒砂-闪锌矿-磁黄铁矿脉被后期碳酸盐-石英脉穿切;H. 稠密浸染状矿石;I. 稀疏浸染状矿石;J、K. 黄铁矿呈浸染状或细脉状分布于角砾岩中。Py. 黄铁矿;Cp. 黄铜矿;Mt. 磁铁矿;Pyrh. 磁黄铁矿;Sph. 闪锌矿;Ars. 毒砂;Cb. 碳酸盐矿物;Qz. 石英;Chl. 绿泥石

图 3-6 高石山矿区矿石宏观特征

黄铜矿：矿石中最主要的金属矿物之一，肉眼下常与黄铁矿呈脉状分布在围岩内（图3-6A、D）。镜下反射色为铜黄色，呈他形粒状，粒径20～500μm，大多数黄铜矿呈尖角状交代黄铁矿（图3-7E、F）或呈集合体形式交代磁铁矿（图3-7A）。

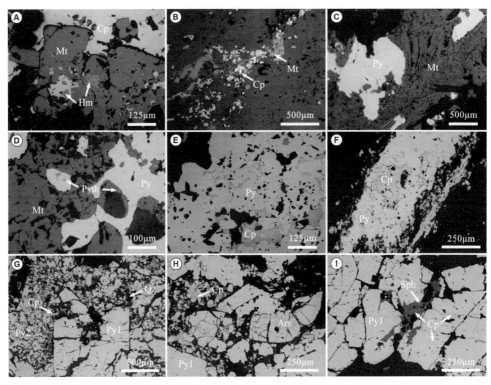

A. 黄铜矿交代磁铁矿，磁铁矿边缘见少量赤铁矿；B. 呈他形粒状的黄铜矿、磁铁矿颗粒；C. 呈他形粒状的光滑黄铁矿颗粒和具有揉皱结构的磁铁矿；D. 磁铁矿呈他形包含于黄铁矿或磁铁矿内；E、F. 尖角状黄铜矿交代团块状黄铁矿；G. 呈自形—半自形粒状的黄铁矿Py1和粒径相对较小、呈半自形—他形粒状的黄铁矿Py2；H. 两个世代黄铁矿和具压碎结构的半自形粒状毒砂；I. 闪锌矿沿裂隙充填交代黄铁矿。Cp. 黄铜矿；Mt. 磁铁矿；Hm. 赤铁矿；Py. 黄铁矿；Pyrh. 磁黄铁矿；Ars. 毒砂；Sph. 闪锌矿；Qz. 石英

图3-7　高石山铜金矿床矿石矿物组合特征和结构特征

黄铁矿：与黄铜矿同为矿石中主要金属矿物，在4种脉状矿化中均有发育，镜下反射色呈淡黄色，呈半自形—他形粒状，粒径20～1000μm，可见其被黄铜矿或磁铁矿交代（图3-7D～F），部分黄铁矿晶粒内发育较多孔洞（图3-7E、I）。按照粒径大小和形态的不同，它可划分为早期粒径较大、呈自形—半自形粒状黄铁矿和晚期粒径较小、呈半自形—他形粒状黄铁矿两个世代（图3-7G～I）。

磁铁矿：镜下反射色为浅灰色，大多数颗粒呈自形—半自形粒状，粒径100～1000μm，少量颗粒具有揉皱结构，磁铁矿晶体边缘还可见有少量由磁铁矿氧化形成的赤铁矿（图3-7A、C、D）。部分粒径较小的颗粒呈他形粒状，粒径小于50μm（图3-7B）。

毒砂：镜下反射色为亮白色，含量较少，呈半自形—他形粒状，粒径200～500μm，受压力作用，具有明显的压碎结构，碎块多呈不规则状（图3-7H）。

闪锌矿：镜下反射色为灰色，呈他形粒状集合体产出，粒径10～200μm，沿黄铁矿裂隙充填交代(图 3-7I)。

磁黄铁矿:镜下反射色为淡粉红色,含量较少,呈他形粒状,粒径小于 $20\mu m$,多包含于黄铁矿、磁铁矿中(图 3-7D)。

3.4.2 矿石构造

矿石构造主要以脉状、网脉状、浸染状、角砾状构造为主。

脉状构造:黄铜矿、磁铁矿、黄铁矿等金属矿物呈细脉状分布,脉宽大于 2mm(图 3-6A~D、F、G)。

网脉状构造:黄铁矿细脉呈网状相互穿插,脉宽小于 1mm(图 3-6E)。

浸染状构造:绿泥石化蚀变岩和石英闪长岩内黄铁矿颗粒(粒径<3mm)分别呈浸染状、星点状分布(图 3-6H~I)。

角砾状构造:由蚀变岩和胶结物组成,胶结物为碳酸盐类矿物,角砾棱角清晰、具有可拼接性(图 3-6J、K)。

3.4.3 矿石结构

矿区内矿石结构类型较多,主要以粒状结构、交代结构为主,其次为压碎结构、揉皱结构等。

粒状结构:矿区内常见的矿石结构之一,黄铁矿、磁铁矿、黄铜矿、毒砂等硫化物呈粒状产出于矿石中,大部分呈他形粒状结构(图 3-7B~G),少部分呈自形—半自形粒状结构(图 3-7A、G~I)。黄铁矿根据矿物世代的不同,矿物粒度变化较大(图 3-7G、H)。

交代结构:矿区内矿石主要结构之一,主要表现为交代残余结构,如黄铜矿交代磁铁矿或黄铁矿、磁铁矿交代黄铁矿、黄铁矿交代黄铜矿等(图 3-7A、C~F)。部分表现为充填交代结构,如闪锌矿沿裂隙充填交代黄铁矿(图 3-7I)。

压碎结构:黄铁矿、毒砂颗粒受到压力后,晶粒产生裂缝破碎成多个碎块,碎块多呈不规则尖角状、大小不等(图 3-7G、H)。

揉皱结构:磁铁矿颗粒受力后产生塑性变形,具有明显的微型褶曲(图 3-7C)。

3.5 围岩蚀变

矿区发育的蚀变主要包括钾化、绿帘石化、碳酸盐化、硅化、绿泥石化、绢云母化等。围岩蚀变具有明显的分带性,围绕石英闪长岩体向外依次发育钾化-绿帘石化带、硅化-碳酸盐化带、绿泥石化带(图 3-8),其中硅化-碳酸盐化带与铜金矿化关系密切,矿化蚀变多产于该蚀变带内,可作为重要的找矿标志。下面简介各蚀变带特征。

钾化-绿帘石化带:主要分布在石英闪长岩内部及其边缘,蚀变以钾化和绿帘石化为主,且钾化早于绿帘石化形成。钾化是石英闪长岩中广泛发育的蚀变,表现为钾长石多呈粒状集合体、脉状、浸染状等形式产出,常与绿帘石化共生。绿帘石化表现为绿帘石多呈细脉状分布并穿切早期钾化石英闪长岩(图 3-8B、C)。

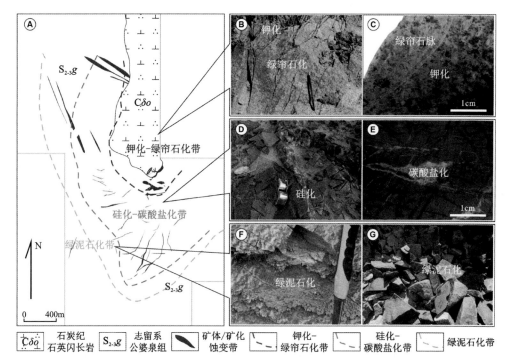

A.高石山矿区蚀变分带图;B.钾化、绿帘石化石英闪长岩;C.早期钾化石英闪长岩被绿帘石脉穿切;D.硅化石英砂岩;E.碳酸盐矿物呈脉状穿切硫化物细脉;F.绿泥石化石英闪长岩;G.绿泥石化安山质晶屑凝灰岩

图 3-8　高石山矿区蚀变分带图及野外蚀变特征

硅化-碳酸盐化带:发育在钾化-绿帘石化带外侧,该带分布范围最广,宽 400～800m,硅化和碳酸盐化表现为硅化蚀变岩和蚀变岩内以脉状形式产出的方解石(图 3-8D、E),此外在靠近岩体地段硅化常以局部的团块状石英产出。矿区内大多数矿化蚀变带均在该带内发现,表明其与矿化的关系最为密切,是成矿的有利地段。

绿泥石化带:分布在矿区的外围,该蚀变主要来源于角闪石、黑云母等暗色矿物的蚀变,表现为绿泥石呈浸染状或弥散状分布于灰绿—浅绿色蚀变岩石中(图 3-8F、G)。

第4章　高石山矿区成矿潜力与找矿方向

4.1　高石山石英闪长岩地球化学特征与成矿潜力

高石山矿区内矿化多以细脉－网脉状、浸染状产出，围岩蚀变分带清楚，由岩体向外依次发育钾化-绿帘石化、硅化-碳酸盐化、绿泥石化等蚀变分带，具有明显的斑岩型矿床特征，推测高石山石英闪长岩为成矿岩体，故本节对石英闪长岩开展了锆石 U-Pb 年代学、全岩主微量元素、锆石 Hf 同位素及锆石微量元素等方面的研究，以期对高石山矿床的成岩成矿年代、岩浆起源与演化、成矿潜力及矿区下一步找矿方向进行较为准确的判断。岩体样品采样位置见图 2-2，分析结果见附表 1～附表 4。

4.1.1　成岩成矿年代与地球动力学背景

石英闪长岩样品中的锆石多为自形—半自形柱状，呈无色—淡黄色，其长轴 100～300μm，长宽比 1～3，CL 图像多显示条带状结构或弱环带结构（图 4-1），Th/U 值 0.46～1.93，均大于 0.40，指示锆石为岩浆成因（吴元保和郑永飞，2004）（附表 1）。50 个测试点中除 2 个无效点外，其余单颗粒锆石 ^{206}Pb/^{238}U 年龄为 308～314Ma，数据点均落在谐和线上或其附近，锆石加权平均年龄分别为 310.1±1.9Ma、308.2±1.7Ma（图 4-2），因此高石山石英闪长岩形成时代为晚石炭世。而成矿年龄相较石英闪长岩而言应为同期或稍晚，即同为晚石炭世。

斑岩型矿床通常产于岩浆弧环境，其形成与洋壳俯冲有关的弧岩浆作用及其派生的热液活动密切相关（侯增谦等，2003），而北山地区晚古生代构造岩浆活动强烈，经历了晚泥盆世—早石炭世弧后洋盆扩张、晚石炭世—早二叠世陆缘弧形成及中—晚二叠世后造山伸展期 3 个演化阶段（辛后田等，2020），其中研究区位于的圆包山古生代岛弧于晚石炭世经历了南部红石山洋的俯冲作用，并于俯冲带南侧形成一套具陆缘弧性质的石炭纪火山岩组和同期的花岗岩类侵入岩，而高石山石英闪长岩体应为此时期弧岩浆活动的产物，故研究区所处的构造背景有利于斑岩型矿床的形成。

4.1.2　全岩地球化学特征与岩浆演化

如附表 2 所示，岩石的 $w(SiO_2)$ 含量为 60.43%～64.66%，属中酸性岩石；其 $w(Na_2O+K_2O)$ 含量为 5.73%～6.44%，表明岩石为亚碱性系列的长岩-花岗闪长岩（图 4-3A）；

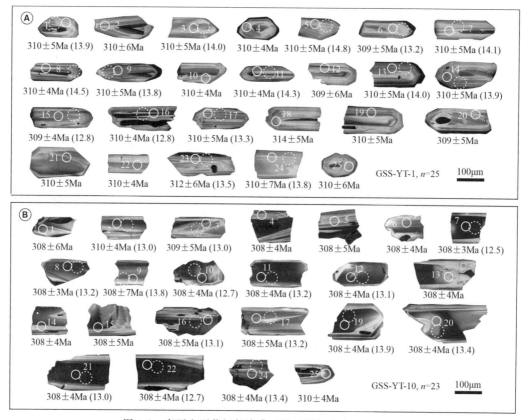

图 4-1 高石山石英闪长岩典型锆石阴极发光(CL)图像

图中实线圈和虚线圈分别代表 U-Pb 和 Hf 同位素测试点;括号外数值代表 U-Pb 年龄,括号内数值代表 Hf 同位素组成

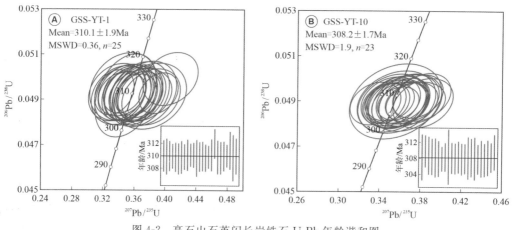

图 4-2 高石山石英闪长岩锆石 U-Pb 年龄谐和图

A/CNK 值均小于 1.0(图 4-3B),显示准铝质特征;在岩石系列 K_2O-SiO_2 与(Na_2O+K_2O-CaO)-SiO_2 图解中显示其属于中钾、钙碱性系列(图 4-3C、D)。在以横坐标为 SiO_2 的哈克图解上,TiO_2、Al_2O_3、$Fe_2O_3^T$、MgO、CaO、P_2O_5 均与 SiO_2 呈良好的负相关关系,而 K_2O 与 SiO_2 呈正相关关系(图 4-4),这说明在石英闪长岩的岩浆演化过程中发生了黑云母、角闪石、磷灰石等矿物的分离结晶。

第4章 高石山矿区成矿潜力与找矿方向

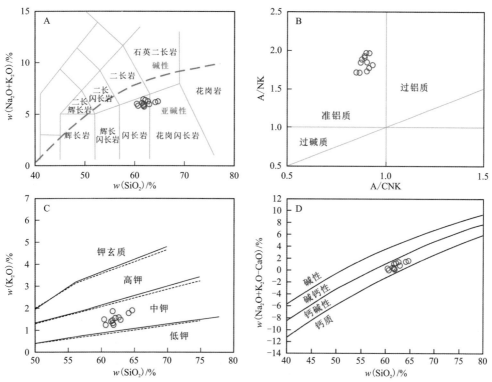

图 4-3 高石山石英闪长岩 TAS 图解（A）、A/CNK-A/NK 图解（B）、K_2O-SiO_2 图解（C）及 (Na_2O+K_2O-CaO)-SiO_2（D）图解

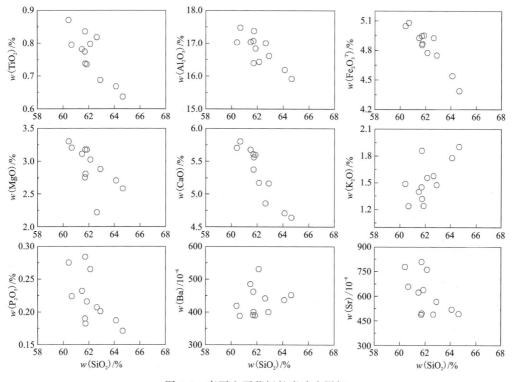

图 4-4 高石山石英闪长岩哈克图解

全岩样品稀土元素总含量 ΣREE 为 (82.25~118.24)×10^{-6}，$(La/Yb)_N$ 值为 7.33~12.68，具有较强的轻重稀土分异，轻稀土元素 (LREE) 相对富集，重稀土元素 (HREE) 相对亏损；岩石 Eu 异常不明显，δEu 为 0.90~1.03，表明岩浆演化过程中斜长石的分离结晶作用较弱 (图 4-5A)，指示岩浆可能具有较高的含水量 (Lu et al., 2016)。微量元素原始地幔标准化蛛网图 (图 4-5B) 反映岩石富集 K、Pb、Ba、Sr 等大离子亲石元素 (LILE)，亏损 Th、Nb、Ta、Ce、Pr、P、Ti 等高场强元素 (HFSE)。

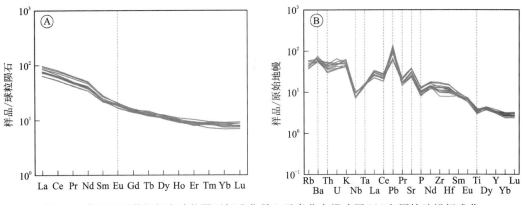

图 4-5 高石山石英闪长岩球粒陨石标准化稀土元素分布模式图 (A) 和原始地幔标准化微量元素分布模式图 (B) (球粒陨石与原始地幔标准化值据 Sun and McDonough, 1989)

4.1.3 岩体 Hf 同位素

在 U-Pb 定年的基础上，本次工作对其中 30 颗锆石 (每组 15 颗) 进行了 Hf 同位素分析 (分析点位置见图 4-1，数据见附表 3)，样品 $^{176}Yb/^{177}Hf$ 值为 0.010 904~0.150 670，$^{176}Lu/^{177}Hf$ 值为 0.000 376~0.004 227，绝大多数测试点的 $^{176}Lu/^{177}Hf$ 值小于 0.002，表明锆石中衰变成因形成的 Hf 较少，因此所测得锆石 $^{176}Hf/^{177}Hf$ 值即为其形成时的 $^{176}Hf/^{177}Hf$ 值 (吴福元等，2007)。计算获得的 $\varepsilon_{Hf}(t)$ 值介于 12.5~14.8 (图 4-6)，位于亏损地幔演化线附近，对应的亏损地幔模式年龄及二阶段模式年龄分别为 353~457Ma、370~498Ma，比锆石的平均 U-Pb 年龄 (308~310Ma) 略大。

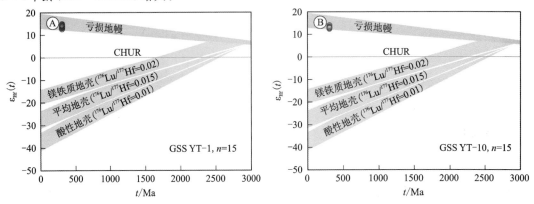

图 4-6 高石山石英闪长岩锆石 Hf 同位素图解

4.1.4 岩浆起源、演化与成矿潜力

高石山石英闪长岩具有高 SiO_2（60.43%～64.66%）、高 Al_2O_3（14.78%～15.92%）、富集 $Sr[(487～808)×10^{-6}]$ 和 LREE，亏损 $Y[(13.8～17.0)×10^{-6}]$ 和 HREE 等类似于埃达克岩的地球化学特征，在 Sr/Y-Y 图解和 $(La/Yb)_N-Yb_N$ 图解中（图4-7A、B），样品落在埃达克岩区域，说明高石山石英闪长岩具有与世界范围内成矿岩体（侯增谦等，2003）同样的埃达克岩地球化学亲合性，结合其亏损的锆石 Hf 同位素数据$[ε_{Hf}(t)=12.5～14.8]$，说明高石山石英闪长岩应起源于初生地壳或俯冲板片的部分熔融。

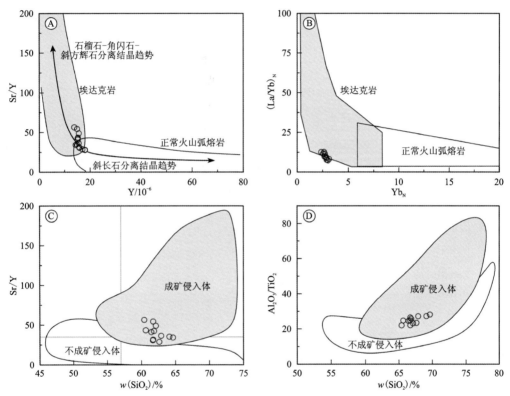

图 4-7 高石山石英闪长岩 Sr/Y-Y 图解（A）、$(La/Yb)_N-Yb_N$ 图解（B）、Sr/Y-SiO_2 图解（C）与 Al_2O_3/TiO_2-SiO_2 图解（D）（底图据 Martin，1986；Richards et al.，2007；Loucks，2014）

此外，前人通过对全球多个主要斑岩矿床成矿岩体的数据汇总发现相对不成矿岩体，成矿岩体具有相对更高的 Sr/Y 值与 Al_2O_3/TiO_2 值（图 4-7C、D），而此现象可能是因为岩浆中较高的含水量（>4%），高含水量岩浆不仅在一定程度上抑制了斜长石和钛铁矿的结晶分异，同时还促进了角闪石的结晶分异，从而有利于成矿（Loucks，2014）。对高石山石英闪长岩全岩数据进行投图可发现，其数据均落入高 Sr/Y 值、高 Al_2O_3/TiO_2 值的成矿侵入体区域（图 4-7C、D），说明高石山石英闪长岩为高含水量岩浆演化而成，结合其不明显的 Eu 异常以及各元素与 SiO_2 间呈现的良好线性关系（图 4-4）指示岩浆演化过程中经历了黑云母、角闪石等矿物的分离结晶，而斜长石的结晶分离作用有限。综上所述，具有埃达克岩地球化学亲合性、岩浆含水量较高的高石山石英闪长岩具有一定的成矿潜力。

4.1.5 锆石微量元素与成矿潜力

锆石常作为副矿物产出于中性岩-长英质侵入体中,因其封闭温度高、抗风化、热液蚀变能力较强,能够代表岩浆的原始组成,除了用于同位素定年与示踪外,其微量元素特征也广泛用于指示斑岩型矿床成矿岩浆物理化学条件、成矿潜力以及矿床规模等(Ballard et al., 2002; Trail et al., 2011; Shen et al., 2015; Lu et al., 2016),本次研究对所收集的世界范围内多个斑岩型铜金矿床成矿岩体的锆石微量元素数据进行参数计算与对比,以判断其与成矿潜力、矿床规模间的关系,并将其应用于高石山矿区石英闪长岩的锆石微量元素数据上(附表4),进一步揭示并判断高石山矿区的成矿潜力与矿床规模。

4.1.5.1 常用的锆石微量元素参数

通过总结前人工作发现,锆石微量元素参数主要可分为 Ce 异常(①~④)、Eu 异常(⑤⑥)以及 Dy/Yb 值(⑦)等几个类别,主要与岩浆氧逸度、含水量及角闪石、斜长石的分离结晶有关,其相关原理、成矿岩体的特征如表4-1所示。

表4-1 常用的锆石微量元素参数及相关原理

序号	参数	成矿岩体特征	相关原理	主要影响因素	参考文献
①	Ce^{4+}/Ce^{3+}	>300 (100)	Ce^{3+} 在氧化的条件下会被氧化为 Ce^{4+},而 Ce^{4+} 会替代锆石中与其电荷数相同、半径相近的 Zr^{4+},从而使得锆石中出现 Ce 的正异常,比值变大	岩浆氧逸度	Ballard et al., 2002
②	Ce_N/Ce_N^*	>100		岩浆氧逸度	Loader et al., 2017
③	Ce/Nd	>10		岩浆氧逸度	Shu et al., 2019
④	(Ce/Nd)/Y	>0.01	除 Ce 正异常的原理外,富水岩浆会诱发角闪石结晶,而角闪石结晶会消耗熔体中的 Y,从而使得熔体贫 Y,比值变大	岩浆氧逸度;角闪石结晶	Lu et al., 2016
⑤	Eu_N/Eu_N^*	>0.4 (0.3)	Eu^{2+} 在氧化的条件下会被氧化为 Eu^{3+},而 Eu^{3+} 会替代锆石中与其半径相近的 Zr^{4+},从而使得锆石中出现 Eu 的正异常,比值变大;此外,富水岩浆在早期会抑制斜长石结晶,减少 Eu^{2+} 的消耗,比值变大	岩浆水含量;岩浆氧逸度;斜长石结晶	Dilles et al., 2015
⑥	$10\,000\times(Eu_N/Eu_N^*)/Y$	>1	富水岩浆早期会诱发角闪石结晶并抑制斜长石结晶,从而消耗熔体中的 Y 并减少 Eu^{2+} 的消耗,比值变大	岩浆水含量;角闪石、斜长石结晶	Lu et al., 2016
⑦	Dy/Yb	<0.3	相较于重稀土元素(e.g. Yb)角闪石会优先结合中稀土元素(e.g. Dy),故熔体中角闪石的分离结晶会导致残余熔体 Dy/Yb 值下降	角闪石结晶	Lu et al., 2016

注:下标"N"代表该值经球粒陨石标准化处理得来;"*"代表该值由其他元素插值得来。

4.1.5.2 相关参数的计算方法

1) Ce、Eu 异常相关参数计算

参数 Ce^{4+}/Ce^{3+} 是 Ballard 等(2002)基于晶格应变模型(Blundy and Wood,1994)提出的,其计算公式如下:

$$(Ce^{4+}/Ce^{3+})_{锆石} = \frac{Ce_{熔体} - Ce_{锆石}/D_{Ce^{3+}}^{锆石/熔体}}{Ce_{锆石}/D_{Ce^{4+}}^{锆石/熔体} - Ce_{熔体}} \tag{4-1}$$

式中:$Ce_{熔体}$ 为熔体中 Ce 含量,可用全岩的 Ce 含量代替;$Ce_{锆石}$ 为锆石中 Ce 含量,可通过 LA-ICP-MS 等方法直接测得;$D_{Ce^{3+}}^{锆石/熔体}$、$D_{Ce^{4+}}^{锆石/熔体}$ 分别为锆石与熔体间 Ce^{3+}、Ce^{4+} 的分配系数,可根据晶格应变模型进行拟合,拟合过程详见 Blundy 和 Wood(1994),Ballard 等(2002)的论文。但此种计算方法较为繁琐,产生的误差可能较大,故 Trail 等(2011,2012)提出了另一个表示 Ce 异常程度的参数 Ce_N/Ce_N^*,计算公式如下:

$$Ce_N/Ce_N^* = Ce_N/\sqrt{(La_N \times Pr_N)} \tag{4-2}$$

式中:Ce 代表锆石中 Ce 含量;Ce^* 代表岩浆结晶时初始 Ce 含量,可由 La、Pr 元素含量插值得来;下标"N"代表该值经球粒陨石标准化处理得来。

但此种方法同样具有缺陷,由于 La、Pr 元素在锆石中通常含量很低,常低于 LA-ICP-MS 检出限(附表 4),此外两者的检测结果易受磷灰石、独居石等富集轻稀土元素矿物的微小包裹体($<1\mu m$)的影响,故 Smythe 和 Brenan(2015,2016)提出可用下式代替:

$$Ce_N/Ce_N^* = Ce_N/[(Nd_N)^2/Sm_N] \tag{4-3}$$

相较于式(4-2),式(4-3)的计算结果会相对偏高(因为锆石稀土元素配分曲线向下凹),但由于式(4-3)不涉及锆石中 La、Pr 元素的含量,计算结果会相对稳定。除此之外,还有学者利用 Ce/Nd、(Ce/Nd)/Y 等元素比值来表示 Ce 异常程度(Lu et al.,2016),并利用其对成矿潜力进行判断。

参数 Eu_N/Eu_N^* 的计算方法与式(4-2)类似,为

$$Eu_N/Eu_N^* = Eu_N/\sqrt{(Sm_N \times Gd_N)} \tag{4-4}$$

式中:Eu 代表锆石中 Eu 含量;Eu^* 代表岩浆结晶时初始 Eu 含量,可由 Sm、Gd 元素含量插值得来;下标"N"代表该值经球粒陨石标准化处理得来。

2) 氧逸度及锆石 Ti 结晶温度计

氧逸度的表达方式主要可分为两种:一为相对氧逸度,即上文所提到的 Ce、Eu 等变价元素的异常程度;二为绝对氧逸度,即利用热力学实验得到氧逸度与微量元素参数的经验公式。根据公式进一步计算氧逸度的大小,常以具体数值(例如 $\log f_{O_2} = -12$)或与其矿物对缓冲剂的差值表示(例如 $\Delta FMQ+1$ 就表示该体系的氧逸度比铁橄榄石-磁铁矿-石英缓冲剂高出一个对数单位)。常用的计算锆石氧逸度的公式主要有以下几种:

(1) Trail 等(2011,2012)提出的公式如下:

$$\ln\left(\frac{Ce}{Ce^*}\right)_D = (0.1156 \pm 0.0050) \times \ln(f_{O_2}) + \frac{13860 \pm 708}{T(K)} - 6.125 \pm 0.484 \tag{4-5}$$

式中：f_{O_2} 为氧逸度；T 为锆石结晶温度；$(Ce/Ce^*)_D$ 为利用锆石分配系数计算出的 Ce 异常，可用式(4-3)代替。

（2）Smythe 和 Brenan(2015，2016)提出的公式如下：

$$\ln\left(\frac{x_{Ce^{4+}}^{熔体}}{x_{Ce^{3+}}^{熔体}}\right) = \frac{1}{4}\ln f_{O_2} + \frac{13\ 136(\pm 591)}{T(K)} - 2.064(\pm 0.011)\frac{NBO}{T} - \tag{4-6}$$
$$8.878(\pm 0.112)xH_2O - 8.955(\pm 0.091)$$

$$\left(\frac{x_{Ce^{4+}}^{熔体}}{x_{Ce^{3+}}^{熔体}}\right) = \left[\frac{\sum Ce_{锆石} - (\sum Ce_{锆石} \times D_{Ce^{3+}}^{锆石/熔体})}{(\sum Ce_{锆石} \times D_{Ce^{4+}}^{锆石/熔体}) - \sum Ce_{锆石}}\right] \times 1.048\ 87 \tag{4-7}$$

式中：f_{O_2} 为氧逸度；T 为锆石结晶温度；NBO/T 为熔体解聚参数(Virgo et al, 1980)；xH_2O 为熔体中水的摩尔分数；1.048 87 为摩尔到质量分数的转换参数；$x_{Ce^{4+}}^{熔体}$、$x_{Ce^{3+}}^{熔体}$ 分别为 Ce^{4+}、Ce^{3+} 在熔体中的摩尔分数，可参照 Ballard 等(2022)的晶格应变模型算出，如式(4-7)所示。但由于该种方法需代入岩体的含水量，而本次计算并无各岩体较为准确的含水量数据，故没有使用此种方法计算氧逸度数值。

（3）Loucks 等(2020)提出的公式如下：

$$\Delta FMQ = 3.998(\pm 0.124)\log\left[Ce/\sqrt{(U_i \times Ti)^z}\right] + 2.284(\pm 0.101) \tag{4-8}$$

式中：上标"Z"表示锆石中该元素含量；U_i 为锆石初始 U 含量，即锆石结晶时 U 的含量。通过 ^{238}U 和 ^{235}U 的放射性衰变常数和锆石结晶年龄可以得到，公式如下：

$$U_i = U_{测} \times (0.992\ 8e^{0.155\ 125 \times 10^{-9} \times 10^6 t} + 0.007\ 2e^{0.984\ 85 \times 10^{-9} \times 10^6 t}) \tag{4-9}$$

式中：$U_{测}$ 为测试所得锆石中 U 含量；t 为锆石结晶年龄(Ma)；$0.155\ 125 \times 10^{-9}$、$0.984\ 85 \times 10^{-9}$ 为衰变常数(λ)；0.992 8、0.117 2 为各同位素的相对原子丰度。

上述方法中提到的锆石结晶温度可用 Ferry 和 Watson(2007)提出的 Ti 含量温度计经验公式计算：

$$\log(Ti) = 5.711(\pm 0.072) - 4800(\pm 86)/T(K) - \log\alpha_{SiO_2} + \log\alpha_{TiO_2} \tag{4-10}$$

式中：Ti 为锆石中 Ti 含量；α_{SiO_2}、α_{TiO_2} 分别为体系中 SiO_2、TiO_2 的活度，两者的大小与特定的矿物组合相关，例如对于 α_{SiO_2}，石英存在时 $\alpha_{SiO_2}=1$，对于 α_{TiO_2}，锆石存在时 $\alpha_{TiO_2} \geq 0.5$(高晓英和郑永飞，2011)。若两者变化 0.1，计算出的温度变化约 10℃，且公式本身具有 50℃ 左右的偏差(勾宗洋，2018)，故为简化起见，本书将 α_{SiO_2}、α_{TiO_2} 分别设置为 1、0.6。

4.1.5.3　计算结果及其指示意义

本次研究共收集了世界范围内如土屋－延东、驱龙、Chuquicamata 等 25 个斑岩型(－矽卡岩)铜金矿床(附表 5)成矿岩体的全岩数据与锆石微量元素数据(Ballard et al., 2002; Wainwright et al., 2011; Chelle-Michou et al., 2014; Shen et al., 2015; 魏少妮和朱永峰，2015; Lu et al., 2016; Wang et al., 2016; 魏少妮等，2020)并对其进行重新计算，计算前将 $La>1\times10^{-6}$(磷灰石污染)、$Ti>50\times10^{-6}$(钛/铁氧化物污染)的数据进行剔除(Lu et al., 2016)，计算结果见附表 6，不难发现成矿岩体各参数特征与表 4-1 所描述的特征一致。

第4章 高石山矿区成矿潜力与找矿方向

此外,各参数值与矿床铜储量间呈现了较为良好的线性关系,见图4-8,对两者进行线性拟合后可发现 Ce^{4+}/Ce^{3+}、Ce_N/Ce_N^*、$^L\Delta FMQ$ 等多个参数的拟合效果较好(表4-2,R^2 越接近于1说明拟合效果越好),在此基础上分别选取两组参数进行投图(图4-9)可发现,除少量异常值外,各数据在图上可大致分为成矿岩体<4Mt、4~13Mt、≥13Mt 与不成矿岩体4组,这说明锆石微量元素参数不仅能够指示成矿岩体的氧逸度、含水量以及矿物的分离结晶程度,而且在判断其他斑岩型铜金矿床的成矿潜力及矿床规模方面具有一定的指导意义。

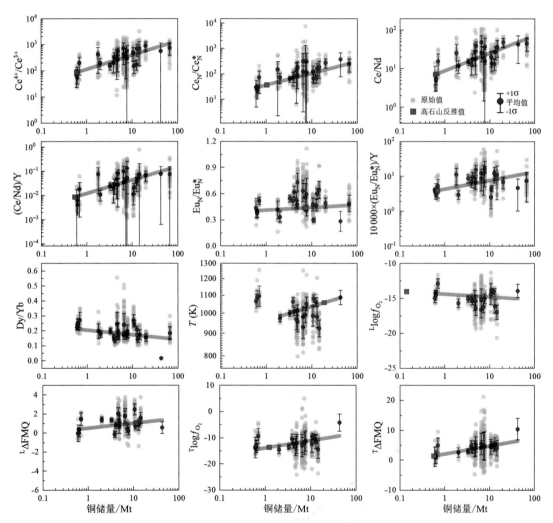

注:①$^T\log f_{O_2}$ 表示该参数计算方法据 Trail et al., 2011, 2012;$^L\log f_{O_2}$ 表示该参数计算方法据 Loucks et al., 2020;②ΔFMQ 计算方法据 O'Neill, 1987;③图中误差线为红色的表示该数据为离群点,未参与数据拟合;④除高石山矿床外,其余矿床的铜储量与锆石微量元素数据来源于 Ballard et al., 2002; Wainwright et al., 2011; Chelle-Michou et al., 2014; Shen et al., 2015; 魏少妮和朱永峰, 2015; Lu et al., 2016; Wang et al., 2016; 魏少妮等, 2020, 下同。

图 4-8 锆石微量元素参数与矿床铜储量关系图

表 4-2　各锆石微量元素参数拟合结果对比

参数	点数	R^2	高石山均值	反推值/Mt	参数	点数	R^2	高石山均值	反推值/Mt
Ce^{4+}/Ce^{3+}	25	**0.55**	88.72	**0.60**	Dy/Yb	24	0.14	0.30	0.00
Ce_N/Ce_N^*	25	**0.67**	38.77	**1.03**	T	17	0.30	1 059.14	18.62
Ce/Nd	25	**0.62**	7.28	**0.62**	$^L\log f_{O_2}$	21	0.08	−14.01	0.14
(Ce/Nd)/Y	25	**0.37**	0.01	**0.55**	$^L\Delta FMQ$	21	0.32	1.08	11.60
Eu_N/Eu_N^*	24	0.04	0.44	7.39	$^T\log f_{O_2}$	21	**0.35**	−13.64	**1.21**
$10\ 000\times(Eu_N/Eu_N^*)/Y$	25	**0.39**	3.98	**0.68**	$^L\Delta FMQ$	21	**0.64**	1.45	**0.56**

注：①拟合公式为 $y=a+bx$，式中 y 为参数值，x 为矿床的铜储量，a、b 为常数；②数据加粗说明其拟合效果较好。

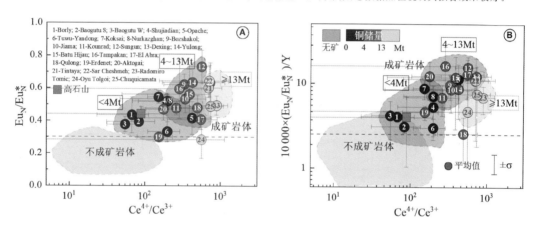

图 4-9　斑岩型矿床成矿潜力与矿床规模的锆石微量元素判别图解

需要说明的是，在选取两组参数进行投图过程中，未选取 Ce_N/Ce_N^*、Ce/Nd、(Ce/Nd)/Y 等拟合效果更好的参数的原因为它们不能很好地区分成矿与不成矿岩体或不同规模的矿床，即各组之间在图上的重叠部分过大（例如图 4-10A）；未选取 $\log f_{O_2}$、ΔFMQ 等参数的原因为部分矿床因缺少锆石 Ti 含量数据导致该参数无法计算，从而数据量较少，不能很好地反映总体趋势；而参数 Eu_N/Eu_N^* 虽拟合效果不理想，但它能很好地区分成矿与不成矿岩体，且能在一定程度上反映岩浆的氧化状态与含水量等（Ballard et al.，2002；Dilles et al.，2015；Lu et al.，2016），故本研究仍将它作为反映成矿潜力及矿床规模的参数之一。此外在选取参数时还注意到虽然 Dy/Yb 比值与矿床储量间拟合效果较差，但两者间负相关趋势较为明显（图 4-10），也为一个潜在的能够反映成矿潜力及矿床规模的锆石微量元素参数。

4.1.5.4　高石山锆石微量元素参数特征与成矿潜力

高石山石英闪长岩各锆石微量元素参数计算结果见表 4-2，将计算值带入拟合方程求得其储量的反推值为 0.55～1.21Mt（图 4-8，表 4-2），远高于高石山矿床现有铜金属资源量（6 428.31t），虽然该反推值存在一定误差，但仍能说明高石山矿床具有一定的成矿潜力。此

第 4 章 高石山矿区成矿潜力与找矿方向

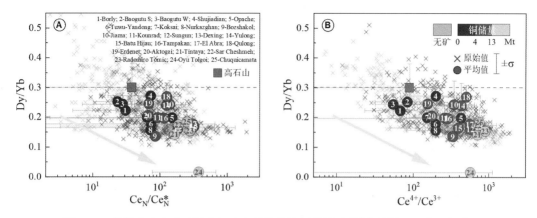

图 4-10 斑岩型矿床成矿潜力与矿床规模的锆石微量元素判别图解（Dy/Yb 相关）

外,将各参数值投入图 4-9 中可发现高石山石英闪长岩的数据在两组图中都落在成矿岩体的 <4Mt 组内,与根据单一参数反推的结果一致,进一步反映了高石山矿床具有一定的成矿潜力,有进一步工作的价值。

4.2 矿床剥蚀程度与找矿方向

除了岩浆自身的成矿潜力外,岩体被剥蚀的程度将直接影响斑岩型矿床内矿体的形态和保存程度(赵鹏大和魏俊浩,2019)。故本节将在成矿岩体岩相学特征、产状与剥蚀程度,围岩蚀变特征与矿床剥蚀,矿体产状与矿床剥蚀程度 3 个方面对高石山矿床的剥蚀作用展开简要讨论。

4.2.1 岩体岩相学特征、产状与剥蚀程度

岩体岩相学工作显示高石山石英闪长岩主要呈半自形中细粒状等粒结构(图 3-3A、B、F~I),而非斑岩型矿床成矿岩体通常显示的斑状结构,说明现在出露的高石山石英闪长岩体形成深度较大,浅部的斑状结构的岩体可能已被剥蚀。就整个岩体来看,高石山石英闪长岩体的出露面积较大(约 25km², 图 2-2),也说明岩体的剥蚀程度较高。从区域上来看,园包山—小狐狸山研究区内石炭—三叠纪岩浆岩大面积出露,约占该地区总面积的 30%,而区内地层除第四系外,最新沉积地层侏罗系和白垩系仅零星出露于该地区的西北部和东南部(图 2-2),因此推断该地区已遭受了较强的剥蚀作用,使得区内岩浆岩大面积出露。而对于高石山等斑岩型矿床而言,强烈的剥蚀作用可能不利于岩体顶部矿体的保存。

4.2.2 围岩蚀变特征与矿床剥蚀

据 Holliday 和 Cooke(2007)提出的斑岩铜矿蚀变模型,围绕斑岩体向外依次发育钾化、青磐岩化、泥化及硅化等蚀变。其中钾化主要分布于斑岩体中心或内外接触带,于早阶段形成;青磐岩化主要分布于斑岩体外围及围岩中,由斑岩体向外可分为 3 个亚带,分别为高

温阳起石内带、中温绿帘石中带、低温绿泥石外带,于早阶段形成;黄铁绢英岩化、绢云母化或绿泥石-绢云母化主要叠加于钾化上部与青磐岩化接触带上,于晚阶段形成;泥化、残余孔洞状石英/硅化及绢英岩化等主要分布于矿体上部(侧部),呈补丁状、楔状,于晚阶段形成。

高石山矿区蚀变类型齐全且蚀变分带较为清楚,由岩体向外可分为钾化-绿帘石化带、硅化-碳酸盐化带、绿泥石化带(图3-8、图4-11),结合矿区岩体出露面积大、围岩及矿体中碳酸盐化发育、矿体/矿化多呈脉状产出于断层中(矿体/矿化可能为位于斑岩铜矿蚀变模型中深部的LS/IS脉,即断层控制的脉状中/低硫型矿化)等现象,说明高石山地区整个成矿系统的剥蚀程度偏高(图4-11B),而常产于岩体顶部的矿化可能已经剥蚀殆尽。

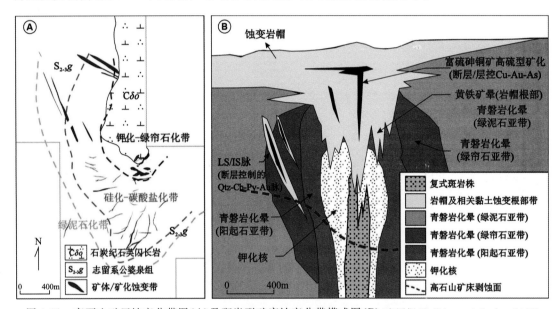

图4-11 高石山矿区蚀变分带图(A)及斑岩型矿床蚀变分带模式图(B)(底图据Holliday and Cooke,2007)

4.2.3 矿体产状与矿床剥蚀程度

此外,高石山矿区的绿帘石化带大面积叠加于钾化带之上,可能说明高石山矿区成矿流体冷却时速率较快,而在该体系下流体周缘的应力场分布如图4-12所示,从图中可看出随着成矿深度的变大,矿体的产状随之变陡,而相较于高石山—小狐狸山地区内小狐狸山、独龙包矿区产状平缓的矿体(主矿体倾角分别为3°~20°、4°~25°)(杨帅师,2012),高石山矿区的矿体呈近直立状产出,说明高石山矿区矿体的形成深度较大,位于顶部的岩体可能已剥蚀殆尽。

结合上述区域岩浆岩大面积出露、已发现矿体中碳酸盐矿物普遍发育、矿体产状近直立等多方面信息,指示高石山地区的整体剥蚀程度偏高。对于斑岩型矿床来说,矿化通常发育于岩体顶部或内外接触带中,而高石山地区的整体剥蚀程度偏高,说明岩体顶部的矿化可能已经剥蚀殆尽,故寻找接触带内矿化或隐伏岩体应为下一步工作的重点方向。

第 4 章 高石山矿区成矿潜力与找矿方向

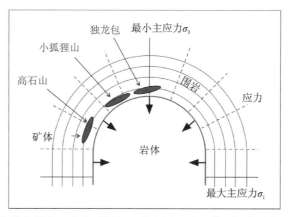

图 4-12 园包山—小狐狸山研究区斑岩型铜钼金多金属矿床矿体（脉）产状与岩体周缘应力场示意图
（底图据 Rowland and Rhys，2020）

4.3 短波红外光谱特征与找矿方向

4.3.1 短波红外光谱相关原理

近年来，短波红外光谱（SWIR）技术已广泛用于矿床勘探和研究，它具有快速、高效、便携及低成本等特点（修连存等，2009；陈华勇等，2019；田丰等，2019；任欢，2020）。它的主要原理为识别样品中蚀变矿物内部的特征官能团对不同频率短波红外光（1300～2500nm）的选择性吸收而形成的特征光谱曲线（图 4-13），以达到识别不同蚀变矿物和同种矿物中结晶度等特征参数变化的目的。它能够识别的主要矿物、相应的特征参数变化与地质意义如表 4-3 所示。

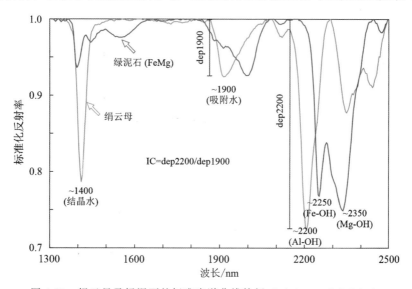

图 4-13 绢云母及绿泥石的标准光谱曲线特征（修改自 TSG 软件数据库）

表 4-3　SWIR 识别的主要矿物及相应的特征参数

（据赵利青等，2008；修连存等，2009；刘嘉成，2017；田丰等，2019）

特征吸收峰	官能团	代表性矿物	特征参数	地质意义
~2200nm	Al-OH	浅色云母类（白云母、绢云母、伊利石）、高岭石类、黄玉、叶腊石等	pos2200	三价阳离子（Al、Fe）含量或六次配位铝（Al^{VI}）含量
			IC 值	矿物结晶度
			高岭石双吸收峰（1400nm，2200nm）	高岭石类矿物识别
			dep2200	绢云母蚀变强度
~2350nm	Mg-OH	绿泥石、绿帘石、黑云母、金云母、滑石、蛇纹石等	绿泥石 pos2350	Mg 离子含量
~2250nm	Fe-OH	绿泥石、绿帘石	绿泥石 pos2250	Fe 离子含量
2300~2400nm	CO_3^{2-}	方解石、白云石等	—	—
~1900nm	吸附水	绢云母、混层黏土矿物等	dep1900	水含量
~2124nm	NH_4^+	水铵长石等	—	—

注：pos2200 代表~2200nm 吸收峰处的位置，dep2200 代表~2200nm 吸收峰处的深度。

矿物的特征参数变化还可以对矿化/热液中心进行指示，例如 Chang 等（2011）对菲律宾 Lepanto 高硫型浅成低温热液矿床研究发现明矾石 pos1480 值与侵入体的距离呈负相关关系；杨志明等（2012）对西藏念村斑岩铜矿矿区进行研究指出，高 IC 值（>1.6）与低 pos2200 值（<2203nm）可能指示着矿化/热液中心，与刘嘉成等（2017）对黔西南水银洞金矿床、任欢（2020）对冈底斯德明顶矿区的研究结果大致相同；Laakso 等（2016）对加拿大 Izok Lake 矿床研究发现靠近矿体时 pos2200 值较高（平均值 2203nm），远离矿体 pos2200 值较低（平均值 2201nm）；许超等（2017）对福建紫金山矿田研究发现高 IC 值（>2.1）和高 pos2200 值（>2203nm）可作为紫金山地区的找矿标志。由此可见，IC 值在各矿床中变化规律大致相同，而 pos2200 值在各矿床中变化规律并不一致，可能需要根据实际工作情况作出进一步判断。

4.3.2　测试结果与解释

本次工作对采集自高石山矿区内多套岩芯样品（ZK3-2、ZK82-2、ZK3/4/5 等，图 3-1）进行短波红外光谱测试，光谱的解译结果见图 4-14。从图中可看出，矿区内蚀变矿物主要有白云母族、绿泥石族、碳酸盐族、高岭石族、绿帘石族等矿物，这与野外及室内工作的结果大致相同。

从图 4-14 中可以看出，高石山矿区白云母族矿物（伊利石、白云母和多硅白云母）在空间上分布非常广泛，为进一步探索该类矿物 SWIR 特征参数在空间上的变化规律，对其进行光谱参数统计和分析后发现，ZK3-2 岩芯的 Al-OH 特征吸收峰峰值（pos2200）、Al-OH 吸收峰

第 4 章 高石山矿区成矿潜力与找矿方向

深度值(dep2200)、结晶度(IC 值)及吸收水峰峰值(pos1900)等光谱特征参数不同于其他钻孔(图 4-15)。结合前人研究成果,说明 ZK3-2 岩芯中白云母族矿物具有更高的蚀变强度与结晶度,故推测此处(ZK3-2)及其周缘应为成矿中心。

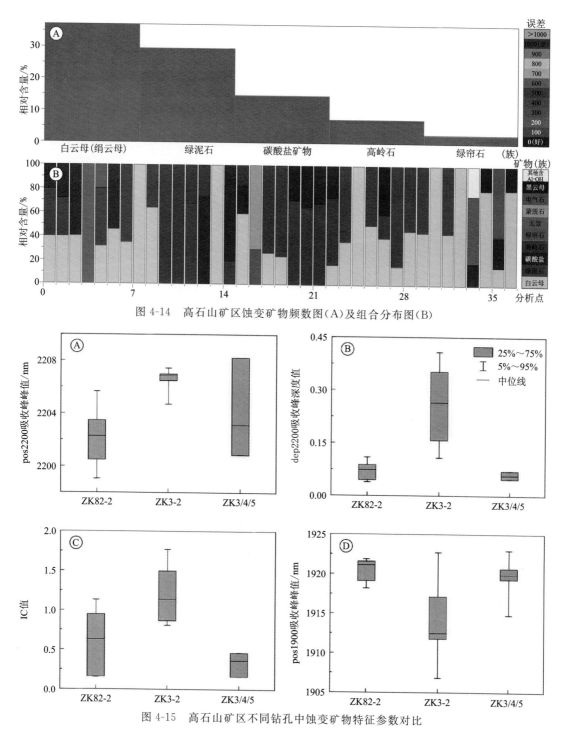

图 4-14 高石山矿区蚀变矿物频数图(A)及组合分布图(B)

图 4-15 高石山矿区不同钻孔中蚀变矿物特征参数对比

4.4 地球化学与地球物理找矿信息

4.4.1 地球化学找矿信息

内蒙古自治区地质调查研究院于2015年对高石山矿区进行了1∶2.5万岩屑测量工作，由矿区范围的Au、Ag、Cu、Mo、Pb、Zn地球化学图（图4-16）可知，矿区Au、Ag、Cu、Mo等元素异常在空间上表现出明显的带状展布规律，表现为由矿区中部石英闪长岩体向外围依次发育Cu-Mo、Au-Ag、Pb-Zn等元素组合分带，与上述矿床围岩蚀变分带情况相对应。此外，异常发育地段与岩体－地层接触带、北西向构造带相吻合，且各元素的浓集中心多分布于矿区中东部ZK3-2、ZK3/4/5周缘，与短波红外光谱特征参数提取结果和岩（矿）石组构所反映出的可能的成矿中心地段一致，进一步说明了矿区中东部ZK3-2、ZK3/4/5周缘为可能的成矿中心地段。

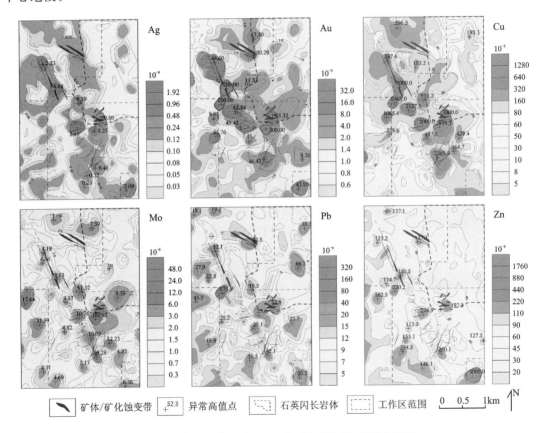

图4-16 高石山矿区Au、Ag、Cu、Mo、Pb、Zn地球化学图

4.4.2 地球物理找矿信息

内蒙古自治区地质调查研究院于2014年在区内磁异常分布区域布置了多条可控源音频

第4章 高石山矿区成矿潜力与找矿方向

大地电磁测深(CSAMT)剖面,本次工作选取了其中位于矿区西侧的176线、矿区东侧的210线、250线三条剖面进行简要分析,剖面的分布位置、二维反演图分别见图3-1、图4-17,区内岩(矿)石电性参数见表4-4。

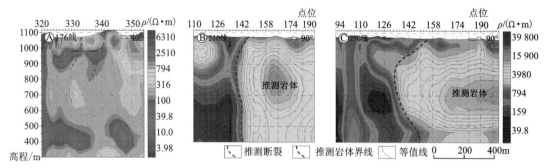

图 4-17 可控源音频大地电磁测深剖面二维反演图

表 4-4 高石山矿区岩(矿)石电性参数统计表

岩(矿)石类别及特征	岩(矿)石名称	标本块数	电阻率 ρ /($\Omega \cdot m$)			标本类型
			变化范围	平均值	离差	
岩浆岩（高阻）	石英闪长岩	5	985.4~3 286.1	2 120.3	899.2	岩芯
	石英闪长岩	35	534.5~7 034.7	2 014.9	1 096.5	手标本
	花岗斑岩	8	2 060.8~3 695.4	2 688.5	635.3	手标本
地层（低阻）	安山质晶屑凝灰岩	17	16.4~3 532.7	1 015.9	1 204.8	岩芯
	晶屑凝灰岩	21	383.5~1 969.8	1 043.3	382	手标本
	灰绿色安山岩	19	316.0~2 934.5	1 278.7	728	岩芯
	粉砂岩	11	451.5~1 217.1	963.5	246.3	手标本
矿石（低阻）	黄铁矿化石英闪长岩	2	661.4~1 490.7	1 076.1	586.4	岩芯
	黄铁矿化凝灰岩	4	12.44~1 007.2	655.9	448.3	岩芯
	黄铜、黄铁矿化(或方铅矿化、闪锌矿化)安山岩	20	8.59~3 288.2	757.5	898.6	岩芯
	灰褐色黄铁矿化细粒长石砂岩	5	187.8~1 091.8	451.9	380.4	岩芯

据表4-4所示,区内石英闪长岩等岩浆岩主要呈高阻特征,矿石及地层主要呈低阻特征。矿区西侧176线CSAMT剖面(图4-17A)浅部呈高阻特征,横向上电性特征不连续,呈串珠状分布,应为断裂带内矿化所致;深部为低阻特征,电阻率在500Ω·m以下,应为公婆泉组安山岩、砂岩、凝灰岩等所致。故176线主要控制的为断裂带内的矿化,并未控制接触带。

位于矿区东侧的210线及250线CSAMT剖面(图4-17B、C)西侧呈低阻特征,应为公婆泉组安山岩、砂岩、凝灰岩等所致;剖面东侧深部600~1000m呈高阻特征,应为深部向东倾的岩体所致,故接触带应在 250 线南侧,与前述矿化中心对应,且岩体产状在南侧 250 线处急剧变化,而岩体产状的变化会增大其与地层的接触面积,为含矿岩浆/热液的就位提供合适的场所,且大面积的接触带有利于含矿岩浆/热液与围岩发生反应,有利于矿体的形成。

4.5 找矿方向综合分析

高石山石英闪长岩主微量元素特征表明其具有埃达克质岩石地球化学特征,岩体高的 Sr/Y 值与 Al_2O_3/TiO_2 值指示岩浆中含水量较高,结合不明显的 Eu 异常与各元素与 SiO_2 间呈现的良好线性关系均指示岩浆演化过程中经历了黑云母、角闪石等矿物的分离结晶,而斜长石的结晶分离作用有限,对成矿有利。高石山石英闪长岩锆石微量元素参数的计算和其与世界范围内斑岩型铜金矿床的比对结果进一步说明该矿床具有较大的成矿潜力,有进一步工作的价值。

高石山石英闪长岩主要呈半自形中细粒状等粒结构产出且出露面积较大,说明区域剥蚀作用较强,结合已发现矿体中碳酸盐矿物普遍发育、矿体产状近直立等多方面信息说明高石山地区的整体剥蚀程度偏高,矿体顶部的矿化可能已剥蚀殆尽,寻找接触带内矿化或隐伏岩体应为下一步工作的重点方向。

矿区内多套岩芯样品的短波红外光谱特征参数的对比结果表明,ZK3-2 岩芯的特征参数明显不同于其他两组样品,指示该岩芯中白云母族矿物具有更高的蚀变强度与结晶度。可控源音频大地电磁测深(CSAMT)剖面的二维反演结果指示接触带应在 250 线南侧,且岩体产状在南侧 250 线处急剧变化,对矿化有利。结合前述 ZK3-2 岩芯中矿石压碎结构发育、ZK3-2 与 ZK3/4/5 岩芯中发育角砾岩等岩石组构信息,表明矿区中东部 ZK3-2、ZK3/4/5 周缘极有可能为热液/矿化中心,在下一步的找矿工作中应重点关注。

第 5 章　高石山周缘矿田尺度成矿预测

高石山周缘地区位于园包山—小狐狸山研究区的北东部,目前已完成包括 SiO_2、Al_2O_3、Na_2O、K_2O 等造岩元素氧化物在内的 1∶2.5 万岩屑地球化学测量工作,具有丰富的化探数据。以往的研究采用传统的方式处理该包含多种造岩元素氧化物的化探数据,数据开发程度不高。现有化探数据处理的新方法——一般元素比分析法(general element ratio analysis,GER),可从矿物学的角度利用造岩元素的化学计量数比值来提取蚀变矿物。而蚀变矿物作为斑岩型矿床的重要找矿信息,若在平面内识别出斑岩型矿床的典型蚀变矿物,获得其强度或分布特征,则能很大程度上缩小预测区范围,为找矿勘查提供下一步工作方向。本章首先介绍该方法的原理,然后再探究此方法在高石山周缘地区的实际应用效果与其在矿田尺度成矿预测上的应用前景,并验证前述高石山矿床找矿方向分析结果。

5.1　地球化学测量数据提取蚀变矿物

5.1.1　地球化学数据提取蚀变矿物的原理

20 世纪末,国外学者开创了守恒元素比分析(Nicholls,1988;Russell and Stanley,1990),该方法从元素摩尔比值角度处理地球化学数据,其原理是基于某些元素在岩石蚀变作用或成矿作用过程中不发生物质转移的特征,Stanley(2019)将具有这类特征的元素称为守恒元素。而同源岩石间元素组分相同而守恒元素在蚀变过程中不发生物质转移,因此其在岩石中的质量几乎恒定,蚀变前后两个守恒元素之间的质量百分比比值不变,所以通过两个守恒元素的质量百分比比值的不同来区分样品中的岩石类别(Urqueta et al.,2009)。

该方法假设在同源的一套未蚀变岩石中,岩石总质量为 M,样品中守恒元素 a、b 的质量为 m_a、m_b,守恒元素 a 和 b 的质量百分比为 C_a、C_b。岩石发生蚀变后,质量百分比变为 C_a'、C_b'。因为守恒元素不参与热液蚀变过程,所以可认为守恒元素 a、b 质量 m_a、m_b 未发生改变,则可得下列理论公式:

$$\frac{C_a'}{C_b'} = \frac{C_a}{C_b} = \frac{m_a}{m_b} \tag{5-1}$$

在守恒元素比的理论基础上,Pearce(1968)开发出了一种从矿物学角度来剖析地球化学数据的方法,这种方法以矿物化学式中各元素的化学计量数为依据,通过元素间摩尔比值的关系来提取矿物或推测岩石蚀变程度及蚀变范围。Pearce(1968)元素比分析法的原理如下:

该方法假设在一组未蚀变岩石中,其活动元素 a、b 的质量百分比分别为 C_a、C_b。因区域地质背景的不同,为消除背景值的影响引入守恒元素作为分母,设守恒元素 m 的质量百分比分别为 C_m。现经过热液作用该岩石发生了蚀变,元素 a、b 参与了蚀变过程,与热液间发生了物质交换或转移,而守恒元素 c 不参与该过程,则 C_m 可视为常量。通过求活动元素 a、b 与守恒元素 m 比值的导数来表达这一物质转移的过程如下:

$$d\left(\frac{C_a}{C_m}\right)=\frac{1}{C_m}d(C_a);d\left(\frac{C_b}{C_m}\right)=\frac{1}{C_m}d(C_b) \tag{5-2}$$

上式说明在物质转移过程中,C_a/C_m、C_b/C_m 的变化率与元素 a、b 的变化率呈正比。结合矿物化学式,将(2)式中 C_a/C_m、C_b/C_m 的变化率作比值得:

$$d\left(\frac{\frac{C_b}{C_m}}{\frac{C_a}{C_m}}\right)=\frac{d\left(\frac{C_b}{C_m}\right)}{d\left(\frac{C_a}{C_m}\right)}=\frac{d(C_b)}{d(C_a)} \tag{5-3}$$

上式表明,以 C_b/C_m、C_a/C_m 为纵轴、横轴绘制的散点图(图 5-1),其变化的趋势仅与活动元素 a、b 变化的比值相关,与守恒元素无关。当把元素间的质量百分比比值转化为摩尔比值后,特殊斜率所代表的趋势线可反映岩石在热液作用下物质迁移后的化学计量学特征,如钾长石化学式为 $KAlSi_3O_8$,绢云母化学式为 $KAl_2[AlSi_3O_{10}](OH)_2$,根据矿物化学式中化学计量数的比值,全部钾化样品 K/Al 摩尔比值应为 1∶1,全部绢云母化样品 K/Al 摩尔比值应为 1∶3。当分别以 K、Al 作为纵轴和横轴的分子时,则理论上在斜率为 1 的趋势线上的样品全部钾化,在斜率为 1/3 的特殊趋势线上的样品全部绢云母化。

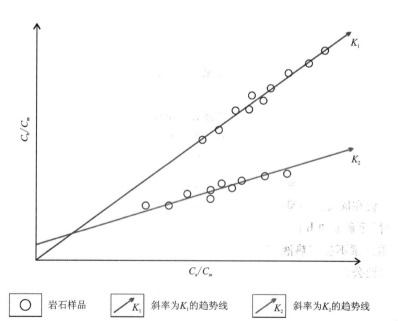

图 5-1 Pearce 元素比分析法原理图解(据 Pearce,1968;Stanley,2019 修改)

第 5 章　高石山周缘矿田尺度成矿预测

在 Pearce(1968)元素比分析法的基础上,Stanley(2019)将纵轴、横轴的分母,即不参与热液作用的守恒元素换为参与热液作用过程的元素,这样每个轴的分子分母均参与蚀变过程的物质转移,则每一个轴的值(即分子与分母的比值)均可以反映特定矿物的化学计量数比值。这种不含守恒元素的元素分析比方法被称为一般元素比分析,该方法可以研究较复杂组分的转移过程,是探究热液交代过程和提取蚀变矿物的高效方法,其理论公式推导如下。

该方法假设在一组岩石中,活动元素 a、b、c 均参与了岩石蚀变过程,现分别设其摩尔数为 A、B、C,现计算某一样品的变化趋势,则:

$$\mathrm{d}\left(\frac{\frac{B}{C}}{\frac{A}{C}}\right) = \frac{\mathrm{d}\left(\frac{B}{C}\right)}{\mathrm{d}\left(\frac{A}{C}\right)} = \frac{\frac{\mathrm{d}(B)C - B\mathrm{d}(C)}{C^2}}{\frac{\mathrm{d}(A)C - A\mathrm{d}(C)}{C^2}} = \frac{\frac{\mathrm{d}(B)}{\mathrm{d}(C)} - \frac{B}{C}}{\frac{\mathrm{d}(A)}{\mathrm{d}(C)} - \frac{A}{C}} \tag{5-4}$$

上式反映点$(A/C, B/C)$的变化趋势为$(\mathrm{d}A/\mathrm{d}C, \mathrm{d}B/\mathrm{d}C)$与$(A/C, B/C)$两点之间的连线(图 5-2),说明蚀变作用导致在物质转移过程中岩石成分(即元素 a、b、c 摩尔数所组成的比值)靠近或远离节点$(\mathrm{d}A/\mathrm{d}C, \mathrm{d}B/\mathrm{d}C)$,则节点$(\mathrm{d}A/\mathrm{d}C, \mathrm{d}B/\mathrm{d}C)$在一般元素比分析图中的作用格外重要,结合式(5-3)得出该节点作用等价于 Pearce(1968)元素比分析法中特殊斜率所代表的趋势线,即该点可代表特定矿物的化学计量数比值,如在以 K/Al 为纵轴、以 Na/Al 为横轴的图解中,代表全部绢云母化的节点为(1/3,0),代表全部钾化的节点为(1,0)。通过一个或多个特殊节点代表的矿物化学计量数比值可分别从纵轴、横轴两个方向研究岩石中元素组合的物质转移程度,进而达到识别矿物的目的。

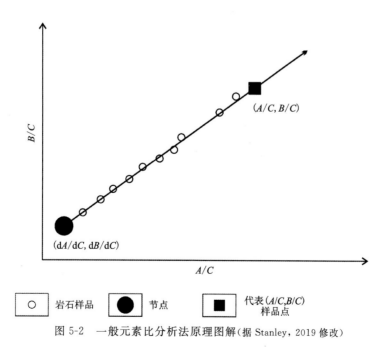

图 5-2　一般元素比分析法原理图解(据 Stanley,2019 修改)

5.1.2 地球化学数据提取高石山周缘地区蚀变矿物

高石山周缘地区是研究园包山—小狐狸山研究区斑岩型矿床的有利位置,本次研究共收集该地区 1∶2.5 万岩屑地球化学测量数据 7269 件,分析项目涉及 SiO_2、Al_2O_3、Na_2O、K_2O 等造岩元素氧化物。根据一般元素比分析,通过设计以矿物化学式为基础的元素间摩尔比值图能识别特定矿物。对于处于西北荒漠戈壁区的高石山周缘地区来说其基岩裸露、植被稀疏、降雨稀少,岩石基本无位移,适合采用一般元素比分析法来提取该地区的特定矿物。

表 5-1 是斑岩型矿床中常见蚀变矿物/造岩矿物的化学式,通过计算样品中 Si/Al、K/Al、Na/Al、Ca/Al 等元素间摩尔比值即可反映样品的深层信息:①Si、Al 摩尔比值可以用来区分不同种类岩石;②K、Al 比值与 Na、Al 比值分别可以反映岩石中钾化、钠化的程度,这两个比值的组合还能用于反映岩石中绢云母、高岭土等蚀变信息;③Ca、K、Na 三元图用来提取岩石样品中长石矿物的组成成分(包括钾长石、碱性长石、奥长石、钠长石)。

表 5-1 常见蚀变矿物/造岩矿物化学式

矿物	化学式
高岭土	$Al_4(Si_4O_{10})(OH)_8$
绢云母	$KAl_2[Al(Si_3O_{10})](OH)_2$
碳酸盐类	$Ca(Fe,Mg)(CO_3)_2$
钠长石	$Na[AlSi_3O_8]$
钾长石	$K[AlSi_3O_8]$
石膏	$CaSO_4$

本次研究提取的蚀变矿物为绢云母 $KAl_2[AlSi_3O_{10}](OH)_2$ 和钾长石 $K[AlSi_3O_8]$,分别采用以 K/Al 为纵轴、以 Na/Al 为横轴的一般元素比分析图和 Ca、K、Na 三元图。下面介绍提取蚀变矿物绢云母、钾长石的方法及过程。

由表 5-1 可知,钾长石 K/Al 摩尔比值为 1∶1,绢云母的 K/Al 摩尔比值为 1∶3,而高岭土中不含 K 元素所以 K/Al 摩尔比值为 0。假设一样品完全钾化/绢云母化/高岭土化,那么理论上该样品 K/Al 摩尔比值为 1、1/3、0。同样对于 Na/Al 摩尔比值,钠长石 Na/Al 摩尔比值为 1∶1,绢云母和高岭土的均为 0,假设一样品完全钠长石化/绢云母化/高岭土化,那么理论上该样品 K/Al 摩尔比值为 1、0、0。将上述分析与一般元素比分析理论相结合可构建以 K/Al 摩尔比值为纵轴、以 Na/Al 摩尔比值为横轴的 GER 图解。该图解的纵轴以 1、1/3、0 为节点,横轴以 1、0 为节点,各个节点代表样品不同蚀变类型(图 5-3A)。选取高石山所有岩浆岩和脉岩 1∶2.5 万岩屑地球化学测量数据,将其 K_2O、Na_2O、Al_2O_3 等以质量百分比为单位的数据除以各分子对应的相对分子质量,以此来将数据与摩尔值联系起来,最后计算出 K/Al 和 Na/Al 摩尔比值即可绘制出一般元素比分析图解。提取蚀变矿物钾长石的原理与上述过程类似,区别在于三元图以质量百分比为单位,选取的数据为高石山 1∶2.5 万岩屑地球化学测量中所有样品的测量数据,此时钾化、钠化样品分别位于三元图的左下角和右下角(图 5-3B)。

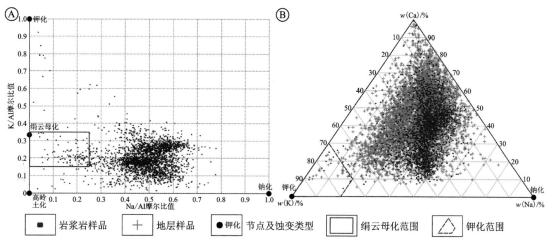

图 5-3 高石山周缘地区 1∶2.5 万岩屑地球化学测量岩浆岩 K/Al 和 Na/Al GER 图解(A)和 Ca、K、Na 三元图(B)(底图据 Halley,2020)

图 5-3 中代表蚀变类型的各节点为理想情况下的理论值,实际情况下样品含有 K、Na、Al 元素的矿物不止长石、绢云母、高岭土,因此在运用一般元素比分析法提取蚀变矿物时还要考虑斑岩型矿床所处的地质背景情况。Halley(2020)建立了以斑岩型铜矿床为背景的化探数据一般元素比分析图,其结果显示占所有样品中绝大多数的新鲜未蚀变岩浆岩样品 Na/Al 和 K/Al 的值分别在[0.3~0.5,0.1~0.4]之间,绢云母化蚀变样品位于[0~0.20,0.15~0.35]之间。从图 5-3A 中样品投影点分布情况可知:大部分数据所代表的未蚀变岩石集中分布于[0.35~0.55,0.10~0.30]之间,与 Halley(2020)建立的模型相比,Na/Al 值偏大,表明本地区背景下样品中普遍富 Na,推测为样品中钠长石比重偏大导致。根据高石山周缘地区地质背景的特点,结合 Halley(2020)模型中绢云母化样品所在区间,本次研究提取蚀变矿物绢云母的 Na/Al、K/Al 的值区间为[0~0.25,0.15~0.35],提取结果见图 5-3A。

Ca、K、Na 三元图数据中侵入岩和地层均偏向 Ca 元素,结合野外实地调查显示该地区普遍存在石膏层,应为采样时取到石膏层所致。根据 Halley(2020)建立的模型中钾长石所在区间,结合该地区内普遍存在石膏层导致样品中 Ca 含量普遍偏高的因素,本次提取蚀变矿物钾长石的区间为 K、Na[>70%,<20%],提取结果见图 5-3B。

将上述提取的绢云母、钾长石样品投影到地质图上,其分布情况如图 5-4 所示。

从图 5-4 可知,提取的绢云母主要分布在高石山岩体边缘、高石山周缘地区东部中性侵入岩体边缘、西南部中酸性侵入体边缘、北部三叠纪侵入岩体附近,少量分布在各类脉岩附近,体现了明显的规律性,即基本分布在中酸性岩体的边缘,这与斑岩型矿床典型蚀变模型对应。经野外查证,高石山西侧岩体边缘及其接触带附近的脉岩存在黄铁绢云英岩化现象(图 5-5A),验证了本次提取绢云母的可行性、可靠性。研究提取的钾长石几乎全部分布在高石山周缘地区北部三叠纪岩体内部且较绢云母更靠近岩体中心,少量位于地层的样品分布较分散无明显规律。经野外查证,三叠纪岩体内存在大量钾化蚀变现象(图 5-5B),进一步证实 Ca、K、Na 三元图解提取岩浆岩样品中钾长石的可靠性。

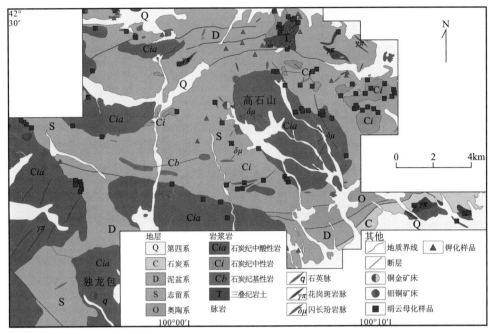

图 5-4 高石山周缘地区用化探数据提取的绢云母、钾长石样品分布图

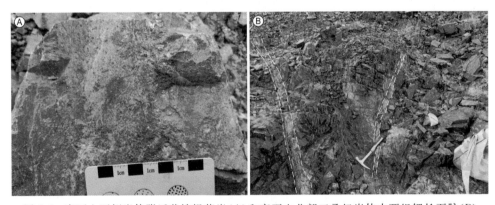

图 5-5 高石山西侧岩体附近黄铁绢英岩(A)和高石山北部三叠纪岩体中两组钾长石脉(B)

综上所述,本次采用一般元素比分析图解和三元图解提取绢云母和钾长石,其分布规律通过野外查证的检验确证符合地质事实,且与斑岩型矿床理论模型一致,说明此种方法具有较高的可行性,可为找矿勘查提供新的思路和线索。

5.2 蚀变矿物与传统化探异常空间关系分析

为进一步验证前述蚀变矿物提取结果的准确性和指示意义,本次研究挑选出与斑岩型铜钼金多金属矿形成直接相关的 Cu、Mo、Au 主成矿元素及与之共生的 Ag、Pb、Zn 共 6 种元素,从传统地球化学异常角度出发,分析异常强度、套合和分布特征,并探究提取出的蚀变矿物与 Cu、Mo、Au 等 6 种元素化探异常的联系。

第 5 章　高石山周缘矿田尺度成矿预测

区内 Cu-Mo-Pb-Zn 元素组合异常主要分布于高石山岩体周围、独龙包岩体与地层的接触带和区内中西部边缘处,主要沿接触带展布,各类异常间套合性较好。在高石山西侧地段 Cu 异常强度高,在独龙包周缘则 Mo 异常强度高,位于中西部边缘处的组合异常在强度和规模上均较前 2 处低。不难看出,区内 Cu 元素异常与提取的蚀变矿物绢云母、钾长石空间关系最密切,尤其是围绕高石山岩体地段套合性高;Mo、Pb、Zn 等元素迁移距离明显较 Cu 元素远,与提取的蚀变矿物关联性差(图 5-6)。

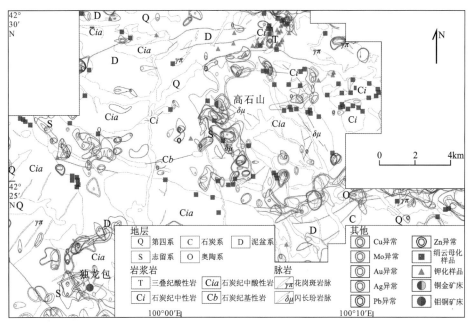

图 5-6　高石山周缘地区 1∶2.5 万岩屑地球化学测量 Cu、Mo、Au 等 6 种元素异常与蚀变矿物空间关系

区内 Au-Ag 元素组合异常强度高、规模大、套合好的浓集区域主要分布在高石山岩体周围,少量分布于高石山周缘地区北部的三叠纪岩体周缘。该组元素在高石山岩体的北部、西部、西南部异常区均有识别出的绢云母与之对应,此外高石山周缘地区北部的三叠纪正长花岗岩周围分布的 Au 元素二级和三级化探异常与识别出的绢云母、钾长石在空间上位置重合(图 5-6)。

综上所述,区内与斑岩型铜钼金多金属矿床成矿作用密切相关的 6 种元素异常多沿石炭纪中酸性侵入岩和三叠纪岩体周缘展布,以高石山、独龙包 2 个地段异常最为发育,北部三叠纪岩体与中西部边缘地段次之。这些异常中,与提取的绢云母、钾长石关系密切的元素为迁移距离近、分布在接触带附近的 Cu、Au、Ag,进一步指示用地球化学数据提取蚀变矿物对于预测斑岩型矿床成矿中心具有重要作用。

5.3　成矿预测与靶区圈定

本次研究提取的蚀变矿物——绢云母、钾长石作为从岩屑地球化学测量数据中挖掘的深层信息,其具有明显的分布规律且通过了野外路线调查的验证,并与多种成矿元素的地球化学异常存在明显的关联,是找矿勘查的重要线索。为探究提取的蚀变矿物在成矿预测方面的应用情况,本次研究运用 MRAS 软件系统中的证据权模型对高石山周缘地区开展斑岩型铜钼金多金属矿成矿预测工作。

综合地质分析共选取两大类证据因子,包括地质变量和地球化学变量。地质变量挑选出蚀变矿物、断裂构造、中酸性岩体等证据因子,地球化学变量挑选出 Cu、Mo、Au、Ag、Pb、Zn 元素。其中地质变量采取建立缓冲区的方法以代表这些地质变量的影响范围,在综合考虑证据因子与矿点关系、地质事实后得到缓冲区范围为 300m、500m 最佳,地球化学异常本身即表示该元素的影响范围,故不作改变。网格单元的划分在满足每格内存在 3～6 个地质信息和比例尺大小为 1∶2.5 万的情况下设置为 100m×100m。证据权重法成矿预测得到的各权重值如表 5-2 所示。

表 5-2 高石山周缘地区斑岩型铜钼金多金属矿成矿预测各证据因子及其权重值

证据因子种类	证据因子名称	正权重值 W^+	负权重值 W^-	C
地质变量	绢云母缓冲区 500m	1.06	−0.68	1.74
	钾长石缓冲区 500m	0.00	−0.08	0.08
	酸性—中酸性侵入岩缓冲区 300m	0.28	−0.67	0.95
	断裂构造缓冲区 300m	0.11	−0.20	0.31
地球化学变量	Cu	1.97	−0.83	2.80
	Mo	1.95	−0.45	2.40
	Au	2.26	−1.52	3.78
	Ag	2.15	−0.84	2.99
	Pb	0.89	−0.14	1.03
	Zn	1.57	−0.42	1.99

注:$C=W^+-W^-$,表示证据因子与矿床(点)的相关程度。

相关系数 C 值显示,证据因子绢云母缓冲区的 $C=1.74$,仅次于 Au、Cu 等化探异常,说明提取的绢云母在成矿预测中发挥的作用是显著的,可作为找矿勘查的重要线索。

本研究按后验概率 $P\geqslant0.55$、$0.25\leqslant$ 后验概率 $P<0.55$、$0.05\leqslant$ 后验概率 $P<0.25$、$0.005\leqslant$ 后验概率 $P<0.05$ 进行四级划分,预测结果显示三叠纪岩体北部、高石山岩体南部—西部—北部边缘、独龙包岩体周缘为后验概率高值集中区,具有较大的成矿潜力,且高石山岩体南部—西部—北部边缘的高值区域验证了第四章找矿方向分析的结果。根据此结果结合地质情况共划分出 2 个Ⅰ级靶区和 3 个Ⅱ级(图 5-7),其中Ⅰ级靶区已存在高石山、独龙包矿床,建议后续以 2 个Ⅰ级靶区的圈定范围为界线开展高石山矿区和独龙包矿区外围找矿工作,增加储量、扩大矿山生产规模;3 个Ⅱ级靶区均在中酸性岩体与地层的接触带上,沿接触带内外可开展野外地质路线调查、样品采集测试等工作。

第5章 高石山周缘矿田尺度成矿预测

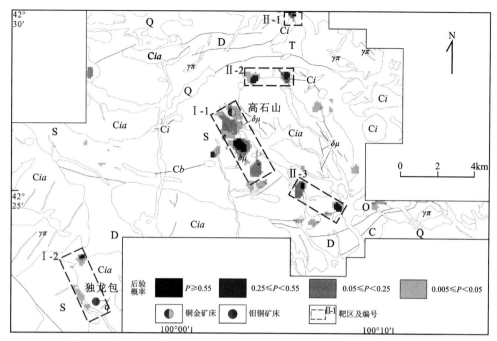

图 5-7 高石山周缘地区斑岩型铜钼金多金属矿证据权重法成矿预测图

第6章 园包山—小狐狸山区域尺度成矿预测

6.1 综合找矿模型

本次综合找矿模型的构建从斑岩型矿床成矿系统的角度来分析矿区到区域不同尺度成矿的关键信息。基于矿床是自然系统下更大尺度上多种地质过程共同作用所形成的产物这一前提(Wyborn et al.,1994;Hronsky and Groves,2008),提取成矿的关键信息首先要分析自然系统形成和保存各种规模矿床所需的关键过程,再将这些关键过程转化为可映射的勘查目标特征(Mccuaig et al.,2010),具体步骤包括以下内容:①分析系统的成矿关键过程,即形成矿床必要的过程;②将成矿关键过程细分为多个主要环节,因为每个成矿关键过程都可能由几个不同环节的组合引起;③最后将成矿主要环节转化为在地质、地球物理、地球化学等方面可采集的、能直接或间接表达该环节的可映射特征。

Kreuzer等(2015)研究表明,形成斑岩型矿床的关键过程为:①流体起源;②流体运移;③流体圈闭;④金属沉淀。本次研究以这4个关键过程来对矿区尺度至区域尺度的成矿关键信息进行分析整理。国外众多学者对与板块俯冲作用有关的斑岩型矿床形成过程进行了详细的总结(Tosdal and Richards,2001;Sillitoe,2010;Richards,2021),现将该类矿床的形成过程简述如下:①首先大洋岩石圈以中等倾角(30°~45°)俯冲,俯冲作用不仅将水和其他挥发物带入地幔还导致了软流圈地幔楔部分熔融,形成含水量和氧化状态略高于大洋中脊玄武岩的弧岩浆;②在洋壳持续俯冲的过程中,幔源玄武质岩浆密度过大,无法穿过下地壳,因此滞留在下地壳岩石圈,经过与长英质熔体混合、均质化等过程衍生成中—酸性岩浆;③然后中—酸性岩浆在浮力的作用下经岩石圈薄弱地带侵入至中部地壳;④在中—酸性岩浆的持续供应下形成大型岩浆房,此时在平移应力作用下,如造山带平行走滑断层系统,可使大量岩浆从深层储层快速地向上地壳侵位;⑤随着岩浆持续向上侵位,温度、压力的下降使岩浆中的硫化物相、挥发相出溶,由于岩浆含水量较高因此形成浅成地下热液系统,该系统中的热液流体沿剪切系统下的断裂网络流动并与围岩交代或因压力过大直接爆发形成角砾岩;⑥热液流体持续在有效通道中流动并与围岩交代,有利于金属大规模高效沉淀。

在上述内容的基础上,本研究将斑岩型矿床形成的4个关键过程划分为多个主要环节,详见表6-1。

第 6 章 园包山—小狐狸山区域尺度成矿预测

表 6-1 研究区基于成矿系统的斑岩型矿床找矿模型

	成矿关键过程	流体起源	流体运移	流体圈闭	金属沉淀
斑岩型矿床形成过程	主要环节	洋壳俯冲,地幔楔部分熔融	板块以中等角度较稳定俯冲	/	/
		下地壳部分熔融或同化,演化为中—酸性组分熔体		岩浆上升停滞;岩浆黏度增加	
		中—酸性熔体侵入下地壳,在中部地壳形成大型弧岩浆体	深部地壳岩浆中的岩浆通过岩枝上涌/逃逸	/	/
		在右平移应变下中上地壳中—酸性弧岩浆快速侵位	平移应变的常见形式;造山带平行走滑断层系统		
		随着岩浆上涌,岩浆挥发相、挥发相分熔出溶,形成热液流体	侵位至地表 1~4km 的斑岩侵入体和岩墙的挥发相出溶受剪切构造控制	冷却岩浆中挥发相的出溶及其引起的体积膨胀和围岩蚀变;多期次的侵入事件和岩浆热液活动	岩浆的冷却和减压;含矿热液与围岩反应;含矿热液从岩浆源向上或向外的排放受到裂缝控制裂缝网络也有助于无用流体的流出
		热液流体持续供应至岩钟区域		有效流体通道,互连断裂网络、角砾岩体以及足够的渗透率	
可映射特征	矿区尺度(高石山矿区)	石炭纪石英闪长岩	左行剪切体系下的北西—西西向断裂以及北东向断裂	正负磁异常梯度带;接触带构造,构造交会点,构造弯曲部位	
	区域尺度(园包山—小狐狸山研究区)	石炭纪—三叠纪中酸性岩体;高磁性体	区域北西—南东向逆冲—走滑体系;断裂高密度区域		Au、Ag、Cu、Mo、Pb、Zn 化探异常

现从斑岩型矿床形成的关键过程、主要环节角度来分析园包山—小狐狸山研究区地质特征和高石山矿区地质特征,将成矿的主要环节转化为不同尺度上地质、地球物理、地球化学等方面的可映射特征(表6-1),具体分析如下。

流体起源:高石山矿区内石英闪长岩全岩主微量分析结果表明该侵入岩具有高SiO_2、高Al_2O_3、富集Sr和LREE,亏损Y和HREE等类似埃达克质岩的地球化学特征(图4-7),说明石英闪长岩有利于形成斑岩型矿床,是矿区尺度良好的可映射特征。由区内红石山洋构造演化(图2-3)可知自早石炭世末期至早二叠世,红石山洋向南、北两侧俯冲,洋壳持续的俯冲导致洋盆消减和强烈的岩浆活动,在其南、北两侧俯冲带附近形成一套具陆缘弧性质的石炭系白山组火山岩组合和同期的岩浆岩类侵入,园包山—小狐狸山研究区内出露的大面积石炭纪中酸性侵入岩多为该时期岩浆活动产物。区内三叠纪侵入岩为造山后地壳伸展减薄形成,在其附近已发现一处斑岩型钼多金属矿床。上述岩体映射在地球物理信息上则体现为高磁性体。综上所述,区域尺度在流体起源方面的可映射特征为石炭纪—三叠纪中酸性岩体及其所代表的高磁性体。

流体运移:高石山矿区内的矿化蚀变带和矿体主要受左行剪切体系下的北北西向、北西—北西西向、北东向3组断裂构造控制,表明左行剪切体系下的这3组方向构造可作为矿区尺度良好的可映射特征。区域上,受古亚洲洋向南俯冲的影响整个北山成矿带内共发育4条北西向的蛇绿混杂岩带,并在后续的造山过程中由于北西—南东向的挤压作用形成一系列北西—南东向的构造复式褶皱和逆冲-走滑边界断裂(杨合群等,2008)。研究区与红石山-百合山蛇绿混杂岩带相邻,区内发育一系列大规模的近东西向、北西向断裂且发育配套的高密度次级断裂构造,这些区域断裂及其配套的高密度断裂是该过程在区域尺度良好的可映射特征。

流体圈闭:从表6-1中主要环节可知热液流体通过有效的通道与围岩反应是该过程的重点,体现在地质上可映射为接触带构造和以构造交会部位为代表的含矿/储矿构造。其中接触带构造、含矿构造映射在地球物理方面可表现为高精度磁测ΔT等值线图中的强正负磁异常梯度带,如高石山矿区的强正负磁异常梯度带位于岩体与围岩的接触部位,该梯度带沿地质界线呈近南北向延伸1000m,矿体或矿化蚀变带大部分分布在以该梯度带为中心的500m范围之内(图6-1),是良好的可映射特征。

金属沉淀:该过程大规模的金属沉淀可映射为区域范围内元素的化探异常强度、组合、分布等特征。如高石山矿区内主成矿元素在强度方面的特征,Cu、Au、Ag异常浓度高、规模大,浓集中心和高值均与矿体或矿化蚀变带套合较好,Mo异常也有上述相似特征但异常强度稍弱;分布特征,Cu、Mo、Au、Ag异常均绕岩体与地层接触带分布且显示出明显的带状展布规律,即异常呈北西—南东向从矿区中部延伸至矿区边缘,此外异常发育地段与接触带、北西向构造吻合;元素的迁移情况,Pb、Zn异常明显较其他元素迁移较远,分布于接触带外围(图4-16)。综上所述,矿区尺度上Cu、Mo、Au、Ag、Pb、Zn等元素在其异常特征的强度、分布等方面都能作为良好的可映射特征,对于区域尺度,上述可映射特征同样适用。

第 6 章 园包山—小狐狸山区域尺度成矿预测

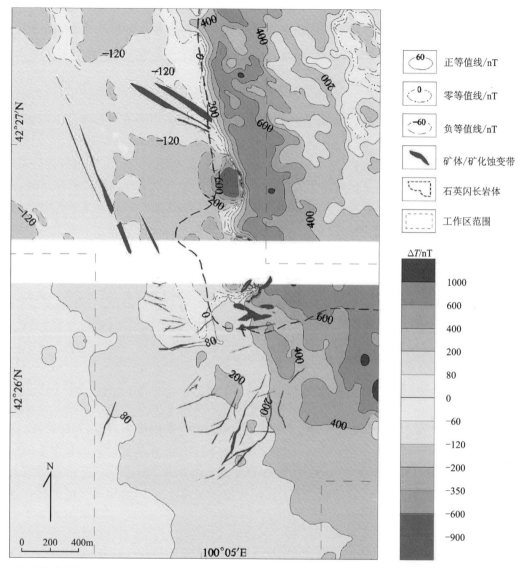

注:北侧的高精度磁测工作由内蒙古百利泰矿业有限公司于 2017 年完成,南侧的高精度磁测工作由内蒙古自治区地质调查研究院于 2014 年完成,中间空白区域未能收集到原始数据,故仅能对已有图件进行简单拼接。

图 6-1 高石山矿区 1∶1 万高精度磁测 ΔT 等值线图

6.2 岩浆岩控矿因素分析

6.2.1 控矿岩浆岩分析及信息提取

岩浆岩是地壳运动的主要产物之一,许多内生矿床的形成和分布都不同程度地受岩浆岩因素所控制。园包山—小狐狸山研究区已发现的矿床主要属于岩浆-热液成因,约占全部矿床的 85% 以上,包括高石山铜金、独龙包铜钼、小狐狸山钼铅锌多金属等斑岩型矿床和乌珠尔嘎顺矽卡岩型铁铜矿床等,这些矿床均产于岩体周缘或岩体内部,可见岩浆岩对研究区主要矿床的形成起到至关重要的作用。下面将主要从时间和空间方面来剖析岩浆岩与成矿之间的成因联系,厘清岩浆岩对成矿的控制作用并对岩浆岩信息进行提取。

6.2.1.1 岩浆岩对成矿的时间控制

从成岩时间上来看,园包山—小狐狸山研究区内岩浆岩成岩时间主要集中在石炭纪和三叠纪。其中研究区内面积最大、分布最广的3种石炭纪岩体年龄分别为:石英闪长岩310.1～308.2Ma(图4-2)、花岗闪长岩297.7Ma、英云闪长岩306.0Ma,整体处于晚石炭世的范围。而三叠纪侵入岩仅小规模零星出露于小狐狸山—沙多山等地,岩性为三叠纪正长花岗岩。

从成岩与成矿的联系来看这两个时代的侵入岩分别具有不同的特征,与石炭纪侵入岩有关的斑岩型矿床富铜多金属,与三叠纪侵入岩相关的斑岩型矿床富钼多金属。研究区内晚石炭世侵入岩与大多数斑岩型-矽卡岩型铜多金属矿床有关,包括高石山铜金矿床、独龙包铜钼矿床、乌珠尔嘎顺铁铜矿床、苦泉山铜金矿点等,这些矿床均产于晚石炭世岩体周缘。本次工作对所采集的高石山石英闪长岩样品进行锆石U-Pb定年,测得年龄为310.1～308.2Ma(图4-2),时代为晚石炭世,相较而言成矿年龄应同期或稍晚,即为晚石炭世。而三叠纪侵入岩规模相对较小,在这些岩体内部或边缘产出斑岩型的钼多金属矿化,代表性矿床为小狐狸山钼铅锌多金属矿床,该矿床是典型的岩浆岩控矿的斑岩型矿床,其赋矿岩体(斑状-弱钠长石化花岗岩)的U-Pb年龄为222.0±3.0Ma(杨岳清等,2013),小狐狸山矿床辉钼矿Re-Os年龄为220±2.2Ma(彭振安等,2010)(图6-2A,表6-2),即成岩、成矿时代均为晚三叠世。

整个北山成矿带尺度上,额勒根乌兰乌拉铜钼矿床、土屋铜钼矿床、延东铜钼矿床、高石山铜金属矿床均集中产于石炭纪,流沙山钼金矿床、白山钼矿床、小狐狸山钼铅锌多金属矿床等均产于二叠纪—三叠纪,各矿床详细成岩、成矿时代见表6-2。由此可见,北山成矿带内斑岩型矿床成岩、成矿时代基本一致,且具有石炭纪岩体富铜多金属,二叠纪—三叠纪岩体富钼多金属的特征。

6.2.1.2 岩浆岩对成矿的空间控制

空间上,研究区岩浆岩对矿床的空间分布有一定的控制作用。经过对地质资料综合分析和野外实地调查后可得,研究区内高石山铜金矿床、独龙包铜钼矿床、滩山铜矿点、苦泉山铜金矿化点等多个铜多金属矿产均与石炭纪石英闪长岩、英云闪长岩等中酸性侵入岩关系密切。如高石山铜金矿床目前已发现的矿体呈脉状产出于石英闪长岩体与志留系公婆泉组的接触带内,由岩体向外依次发育钾化、硅化、绿泥石化、碳酸盐化等蚀变分带,具有明显的斑岩型矿床特征;独龙包铜钼矿床的矿体多呈层状、似层状产于花岗闪长岩体内,由岩体向外依次发育钾化-硅化带、黑云母化-绢英岩化带、绿帘石化-碳酸盐化带;碱滩山铜矿点产于花岗闪长岩体与下奥陶统罗雅楚山组的接触带内,带内岩石破碎强烈,角岩化发育,地表可见孔雀石化。而研究区内分布面积最小的三叠纪正长花岗岩内则产出了小狐狸山中型钼铅锌多金属矿床,矿体产出于三叠纪正长花岗岩内部。

第 6 章 园包山—小狐狸山区域尺度成矿预测

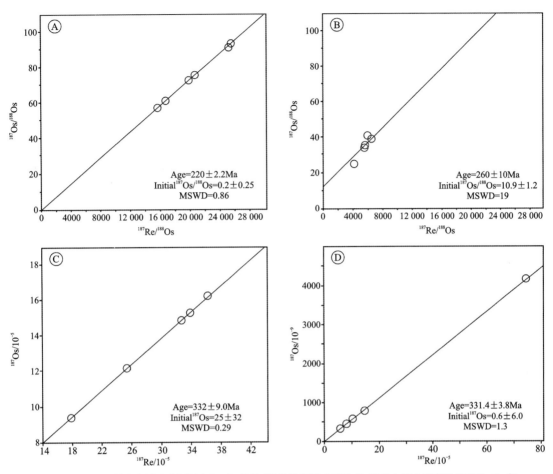

A. 小狐狸山钼铅锌多金属矿床辉钼矿 Re-Os 年龄(据彭振安等,2010);B. 流沙山钼金矿床辉钼矿 Re-Os 年龄(据聂凤军等,2002);C. 额勒根乌兰乌拉铜钼矿床辉钼矿 Re-Os 年龄(据聂凤军等,2005);D. 延东铜钼矿床钼矿 Re-Os 年龄(据 Wang et al.,2018)

图 6-2 北山成矿带典型斑岩型矿床成矿年龄

表 6-2 北山成矿带主要斑岩型矿床成岩、成矿时代

主矿种	矿床名称	含矿岩体年龄及测定方法	成矿年龄及测定方法	资料来源
铜	额勒根乌兰乌拉铜钼矿床	341.0 ± 5.0Ma;似斑状花岗闪长岩 锆石 U-Pb	332.0 ± 9.0Ma;辉钼矿 Re-Os	聂凤军等,2005;杨岳清等,2013
	土屋铜钼矿床	334.7 ± 3.0Ma;英云闪长岩 锆石 U-Pb	335.6 ± 4.1Ma;辉钼矿 Re-Os	王银宏等,2014;Wang et al.,2021
	延东铜钼矿床	335.3 ± 2.9Ma;石英闪长岩 锆石 U-Pb	331.4 ± 3.8Ma;辉钼矿 Re-Os	Wang et al.,2018
	高石山铜金矿床	$308.2\sim310.1$Ma;石英闪长岩 锆石 U-Pb	/	本研究

续表 6-2

主矿种	矿床名称	含矿岩体年龄及测定方法	成矿年龄及测定方法	资料来源
钼	流沙山钼金矿床	262～261Ma； 花岗闪长岩 角闪石 K-Ar	260.0±10.0Ma； 辉钼矿 Re-Os	聂凤军等,2002
	白山钼矿床	229.7±3.2Ma； 花岗斑岩 锆石 U-Pb	224.8±4.5Ma； 辉钼矿 Re-Os	Zhang et al.,2005； 刘彬和王学求,2016
	小狐狸山钼铅锌 多金属矿床	222.0±3.0Ma；斑状-弱 钠长石化花岗岩 锆石 U-Pb	220.0±2.2Ma； 辉钼矿 Re-Os	彭振安等,2010； 杨岳清等,2013

由以上成矿事实可以看出区内矿产在空间上受岩浆岩控制明显,绝大多数产于岩体与地层的接触带处,少部分产于石炭纪或三叠纪中酸性侵入岩体内部。

6.2.1.3 岩浆岩信息提取

综合分析区内岩浆岩在时间和空间上对成矿的控制作用以及整个成矿带内典型斑岩型矿床的成岩、成矿时代,发现石炭纪和三叠纪岩浆岩在形成矿产种类方面有明显差异,区内石炭纪中酸性侵入岩具有形成斑岩型铜多金属矿床的潜力,三叠纪正长花岗岩具有形成斑岩型钼多金属矿床的潜力。因此本研究对区内石炭纪和三叠纪岩浆岩采用分开提取的方案。

由图 6-3 可以看出,随着石炭纪中酸性岩浆岩缓冲半径的增加,缓冲区内矿点数量随之上升,缓冲半径 300m 时包含矿点数量为 10 个并达到短暂"0"增速状态,缓冲半径 450m 时包含矿点数量为 13 个,随后继续增加缓冲半径直至 900m 仍保持此数量,说明缓冲半径 450m 及以上范围值已达到石炭纪中酸性岩浆岩对矿点影响的上限,而缓冲半径 300m 时虽短暂不变但后续仍有上升空间。综上所述,取缓冲半径 400m 时更能反映石炭纪中酸性岩浆岩的影响范围,此时缓冲区内矿点数为 11 个,占统计矿点的一半以上(图 6-4)。三叠纪正长花岗岩在区内出露面积较少且区内与之相关的成矿事实仅有小狐狸山钼铅锌多金属矿床,故对该岩浆岩不作缓冲分析,保留原面积作为岩浆岩证据图层的一部分。

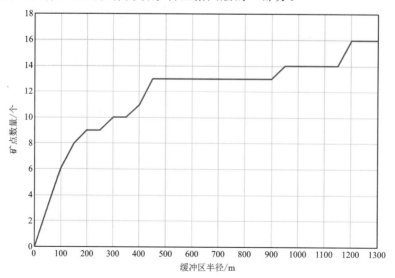

图 6-3 石炭纪中酸性岩浆岩缓冲半径与矿点数量关系图(仅统计金属矿产)

第 6 章 园包山—小狐狸山区域尺度成矿预测

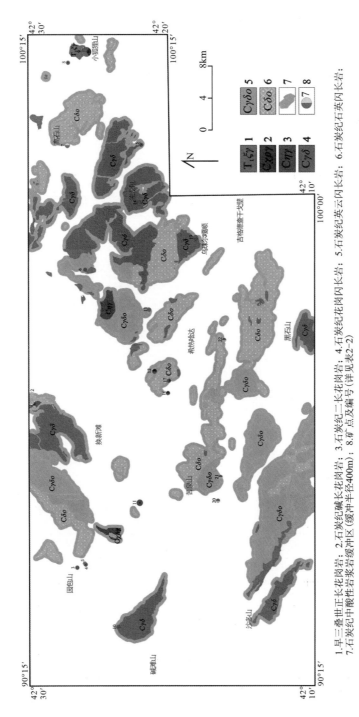

图 6-4 园包山—小狐狸山研究区控矿岩浆岩缓冲岩信息提取图

1.早三叠世正长花岗岩；2.石炭纪碱长花岗岩；3.石炭纪二长花岗岩；4.石炭纪花岗闪长岩；5.石炭纪英云闪长岩；6.石炭石英闪长岩；7.石炭纪中酸性岩浆岩缓冲区（缓冲半径400m）；8.矿点及编号（详见表2-2）

6.2.2 磁法数据高磁性体信息提取

6.2.2.1 岩（矿）石磁性特征

岩（矿）石的磁性特征是解释区内磁场中各类信息的基础，本次研究收集整理了研究区内岩（矿）石磁性特征数据，根据岩性将收集的1331块标本划分为侵入岩类、喷出岩类、沉积岩类、矿化蚀变岩类，并对这些标本的磁化率和剩余磁化强度进行统计分析，统计结果见表6-3，图6-5～图6-8。

表6-3 园包山—小狐狸山研究区岩（矿）石磁性特征表

岩石类型	岩石名称	κ 磁化率/($10^{-6}×4π·SI$)				Γ 剩余磁化强度/($10^{-3}A·m^{-1}$)			
		块数	极小值	极大值	平均值	块数	极小值	极大值	平均值
侵入岩类	辉长岩	7	1 852.3	2 261.4	2 037.4	1	/	89	/
	闪长玢岩、闪长岩	56	27.9	5 027.5	1 239.9	21	32.9	3 682.5	292.6
	石英闪长岩	214	10.3	7 190.9	1 490.6	74	2.7	28 136	1 088.5
	英云闪长岩	49	2.5	1 861.1	748.3	49	2.7	28 136	769.3
	I型花岗闪长岩	10	17.9	1 024.4	502.5	4	27.6	52	36
	S型花岗闪长岩	16	0.8	327.4	135	6	12.8	165.8	73.4
	花岗闪长岩	58	0	1130	20	58	0	159	3
	正长花岗岩	92	0.8	588.2	21	31	2.1	298.3	21
	斜长花岗岩	18	0	1531	1223	18	0	294	157
	花岗斑岩	17	7.8	68.6	25.4	5	15.1	26.5	21.1
	长石斑岩	29	8.9	462.9	163.1	13	26.9	572.4	168.6
喷出岩类	玄武岩	15	0	10 580	5820	15	0	4344	899
	安山岩	350	4.1	4504	947.9	80	5.4	2594	202.7
	英安岩、流纹岩	60	0	848	756	60	0	496	313
	英安岩	11	0.8	706.5	108.3	5	6.3	53.2	26.9
	安山质凝灰岩	15	10.7	3 503.8	946.8	7	5.6	577.9	105.9
	安山质熔结凝灰岩	76	0	5259	1745	76	0	476	207
	英安质熔结凝灰岩	9	6.5	19.3	9.8	5	5.6	11.2	8.1
	流纹质岩屑晶屑凝灰岩	12	1.1	28	10.6	6	6.6	32.8	16
沉积岩类	石英岩	5	1.1	7.6	4.4	/	/	/	/
	灰黄色硅质岩	3	1.2	4.1	2.4	/	/	/	/
	岩屑砂岩、硅质岩	57	无磁	无磁	/	/	无磁	无磁	/

续表 6-3

岩石类型	岩石名称	κ 磁化率/($10^{-6} \times 4\pi \cdot$ SI)				Γ 剩余磁化强度/(10^{-3} A·m^{-1})			
		块数	极小值	极大值	平均值	块数	极小值	极大值	平均值
沉积岩类	灰色泥灰岩	4	8.4	11.7	9.9	3	32.3	131.5	69.5
	硅质灰岩	6	1.9	25.3	6.6	/	/	/	/
	泥质粉砂岩	77	2	739.2	35.7	32	3.5	258.6	27.7
	钙质粉砂岩	4	无磁	无磁	/	/	无磁	无磁	/
	粉砂岩	16	10.1	804.2	17.6	5	2.7	27.7	27.6
	含砾砂岩	38	1.3	58.9	11.7	10	33.4	843.6	241.3
矿化蚀变岩类	含赤铁矿/磁铁矿蚀变岩	8	10 060	65 138	33 811	8	362	8921	2653
	褐铁矿化石英岩	7	14.6	19	17.2	3	32.3	131.5	69.5
	硅化、黄铁矿化蚀变岩	5	207.4	1 149.8	640.2	2	420	623	521.5

(1) 侵入岩类。研究区内侵入岩类岩石从基性至酸性均有发育,基性、中性侵入岩磁化率平均值大于 $1200 \times 10^{-6} \times 4\pi \cdot$ SI,属于强磁性岩石;中酸性侵入岩磁化率平均值普遍大于 $100 \times 10^{-6} \times 4\pi \cdot$ SI,表现出中等磁性特征;酸性侵入岩磁性变化较大,斜长花岗岩磁化率平均值为 $1223 \times 10^{-6} \times 4\pi \cdot$ SI,磁性较强,而正长花岗岩、长石斑岩平均值小于 $25.4 \times 10^{-6} \times 4\pi \cdot$ SI,属于弱磁性岩石。不难看出,总体上来说侵入岩表现出强—中等磁性特征且从基性至酸性磁化强度具有逐渐降低的趋势(图 6-5)。

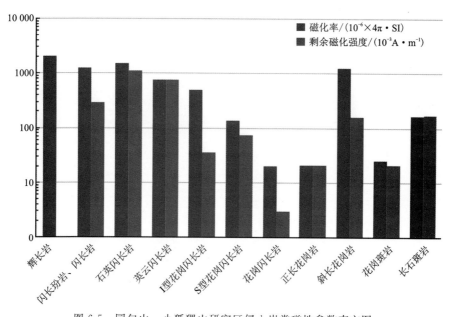

图 6-5 园包山—小狐狸山研究区侵入岩类磁性参数直方图

(2) 喷出岩类。区内喷出岩主体以玄武岩、安山岩、英安岩、流纹岩及安山质凝灰岩等为主,对应岩石磁化率平均值普遍在 $1000 \times 10^{-6} \times 4\pi \cdot$ SI 左右,剩余磁化强度平均值介于

$(8.1\sim899)\times10^{-3}$ A/m 之间,表现为中等磁性特征。自玄武岩至英安岩质岩类磁化强度同样具有逐渐减小的趋势(图 6-6)。

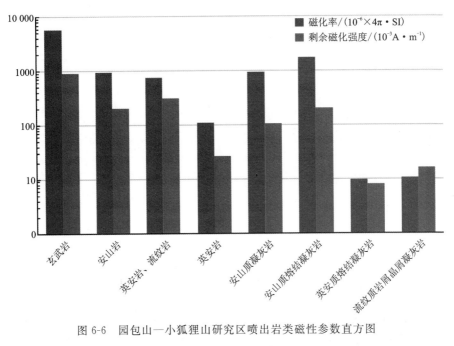

图 6-6　园包山—小狐狸山研究区喷出岩类磁性参数直方图

(3)沉积岩类。研究区内沉积岩类岩石以砂岩为主,少量为灰岩、硅质岩,对应磁化率介于$(0\sim35.7)\times10^{-6}\times4\pi\cdot SI$ 之间,剩余磁化强度介于$(0\sim243)\times10^{-3}$ A/m 之间,在区内属于弱磁性-非磁性岩石。泥质粉砂岩和含砾砂岩分别在磁化率平均值和剩余磁化强度平均值上略高一些,是由于极少数标本磁性较强(可能是受接触交代作用影响)所致(图 6-7)。

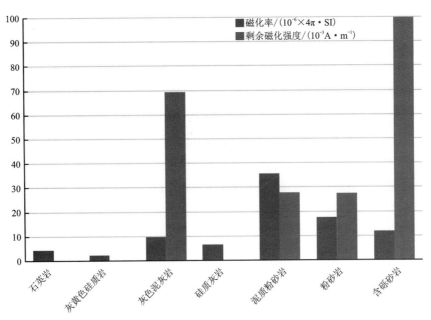

图 6-7　园包山—小狐狸山研究区沉积岩类磁性参数直方图

第 6 章 园包山—小狐狸山区域尺度成矿预测

(4) 矿化蚀变岩类。研究区内含赤铁矿、磁铁矿岩石的磁化率平均值为 $33\,811\times10^{-6}\times4\pi\cdot SI$,剩余磁化强度平均值为 $2653\times10^{-3}\,A/m$,表现为极强磁性特征,具有较大的找矿指示意义。硅化、黄铁矿化蚀变岩的磁化率平均值为 $640.2\times10^{-6}\times4\pi\cdot SI$,剩余磁化强度平均值为 $521.5\times10^{-3}\,A/m$,磁化强度大于大部分中酸性侵入岩,与英云闪长岩接近。褐铁矿化石英岩磁化强度与沉积岩中灰岩、砂岩相当,属于弱磁性岩石(图 6-8)。

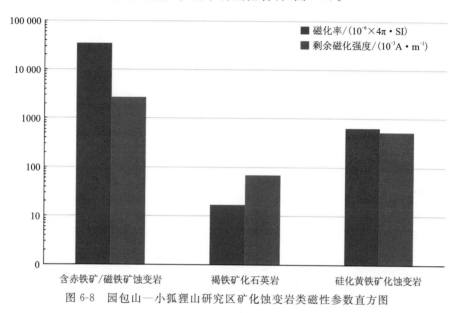

图 6-8 园包山—小狐狸山研究区矿化蚀变岩类磁性参数直方图

综合上述,各类岩石的磁性特征,从整体上来说研究区内各类岩石磁性差异较大,基性—中性侵入岩一般磁性较强,中酸性侵入岩磁性略强于喷出岩均属于中等磁性岩石,沉积岩磁性最弱普遍表现出弱磁性或无磁性特征。矿化蚀变岩的磁性变化较大,弱—强磁性均有,其中含磁铁矿、赤铁矿岩石所表现出的极强磁性特征可以作为局部找矿指示标志。

6.2.2.2 高磁性体信息提取

本次研究收集了园包山—小狐狸山研究区除沙多山 1∶5 万图幅外的高精度磁法测量数据 47 895 件,首先利用 Sufer 软件对磁法数据进行网格化处理,然后运用重磁电数据处理软件 RGIS 对网格化的磁法数据进行正则化滤波,用以消除局部细小干扰因素产生的异常,再采用 RGIS 计算滤波后数据的水平总梯度模量值,来辅助确定岩性接触面的位置,最终绘制了高精度磁测水平总梯度模量图(图 6-9)。

根据研究区岩(矿)石磁性特征可知区内高磁异常主要由基性—中性侵入岩引起、高—中等磁异常由中—酸性侵入岩和火山岩引起,这为此次推断高磁性体提供了依据。以下是本次推断高磁性体的原则:

(1) 参考地质资料,确定高精度磁测水平总梯度模量图的高磁性体边界。由于异常反映的磁性体具有一定埋深,是磁性体在地表的综合反映,因此圈定的岩体范围与地质圈定的界线有一定出入。

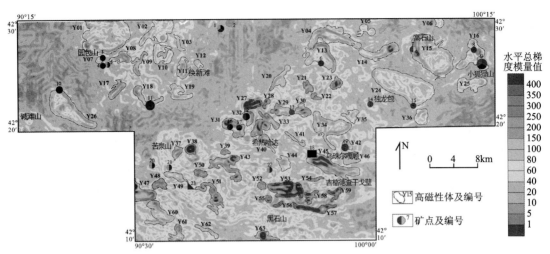

图 6-9 园包山—小狐狸山研究区高精度磁测水平总梯度模量及高磁性体推断解译图（矿点编号详见表 2-2）

（2）在岩体异常识别、岩性确定的基础上，参考岩石物性参数和地表地质资料，排除矿床或矿点引起的磁异常。

（3）对于地表出露或部分出露引起的磁异常，以地质确认的岩性为依据。

（4）对于地表没有出露或地表出露但不能引起相应的磁异常的隐伏磁性体，其岩性根据地质构造背景及岩石物性参数推断磁性体的岩性。

根据以上原则，区内共推断出高磁性体 63 个，编号 Y01-Y63（图 6-9，表 6-4），多数高磁性体为地表或深部隐伏岩体，且多数高磁性体均可与地表已经出露的岩体较好地对应，如 Y02、Y05、Y10、Y13、Y14、Y15、Y19、Y20、Y22、Y24、Y26、Y34、Y37、Y41、Y47、Y48 等高磁性体与区内出露的基性、中性、酸性侵入岩有较好的对应关系，且绝大多数高磁性体与石炭纪中酸性侵入岩对应。此外部分高磁性体由火山岩地层引起，这些高磁性体与中性火山岩对应较好。

表 6-4 园包山—小狐狸山重点研究区高精度磁测及对应/推断岩性一览表

编号	对应岩性/推断岩性	规模/km²	发育矿床(点)编号
Y01	中性—中酸性火山岩	37.4	/
Y02	石英闪长岩、英云闪长岩	13.4	/
Y03	中性火山岩、花岗闪长岩	1.82	/
Y04	中性火山岩	17.38	/
Y05	花岗闪长岩、中性火山岩	2.35	/
Y06	中性火山岩	3.60	/
Y07	推断石英闪长岩隐伏岩体	0.90	3
Y08	中性火山岩、石英闪长岩	4.32	/
Y09	中性火山岩、英云闪长岩	3.65	/
Y10	英云闪长岩	7.76	/

续表 6-4

编号	对应岩性/推断岩性	规模/km²	发育矿床(点)编号
Y11	花岗闪长岩、中性火山岩	5.57	/
Y12	中性火山岩、花岗闪长岩	1.46	/
Y13	英云闪长岩	15.17	6
Y14	花岗闪长岩	9.81	/
Y15	石英闪长岩	34.03	7
Y16	中性火山岩、正长花岗岩	12.67	8、9
Y17	推断中性火山岩、闪长岩	4.76	/
Y18	推断石英闪长岩隐伏岩体	5.34	11
Y19	石英闪长岩	5.88	/
Y20	英云闪长岩、辉长岩	5.29	/
Y21	推断英云闪长岩隐伏岩体	2.23	/
Y22	英云闪长岩	1.08	/
Y23	推断花岗闪长岩隐伏岩体	2.86	/
Y24	花岗闪长岩	37.88	15
Y25	推断石英闪长岩隐伏岩体	8.52	/
Y26	花岗闪长岩	26.44	10
Y27	推断石英闪长岩隐伏岩体	3.82	/
Y28	正长花岗岩	1.16	/
Y29	推断英云闪长岩隐伏岩体	3.99	13
Y30	推断中性火山岩	4.13	/
Y31	中性火山岩、石英闪长岩	7.77	16、17
Y32	推断石英闪长岩隐伏岩体	0.55	12
Y33	推断中性火山岩	9.51	/
Y34	石英闪长岩	17.66	/
Y35	花岗闪长岩、中性火山岩	3.60	/
Y36	推断中性火山岩	4.96	/
Y37	英云闪长岩、石英闪长岩	2.49	/
Y38	石英闪长岩	2.54	/
Y39	中性火山岩	1.17	/
Y40	推断中性火山岩	3.80	/
Y41	石英闪长岩	1.86	/

续表 6-4

编号	对应岩性/推断岩性	规模/km²	发育矿床(点)编号
Y42	花岗闪长岩、中性火山岩、磁铁矿	2.06	19
Y43	石英闪长岩、英云闪长岩	10.34	/
Y44	中性火山岩	3.67	/
Y45	推断石英闪长岩隐伏岩体	16.59	18
Y46	中性火山岩	4.35	/
Y47	闪长岩	7.51	/
Y48	英云闪长岩	3.24	/
Y49	中性火山岩	3.58	/
Y50	闪长岩	2.16	/
Y51	中性火山岩	9.17	/
Y52	石英闪长岩	1.49	/
Y53	石英闪长岩	12.48	/
Y54	推断中性火山岩	1.11	/
Y55	石英闪长岩	1.14	/
Y56	石英闪长岩	0.83	/
Y57	石英闪长岩	5.26	/
Y58	石英闪长岩	2.68	/
Y59	推断石英闪长岩隐伏岩体	2.49	/
Y60	石英闪长岩、英云闪长岩	10.48	/
Y61	石英闪长岩、英云闪长岩	4.30	/
Y62	英云闪长岩、中性火山岩	2.53	/
Y63	花岗闪长岩、中性火山岩	3.67	/

在厘定的 63 个高磁性体中已有 13 个高磁性体内发育有多金属矿床(点)，约占圈定高磁性体总数量的 21%。区内铜多金属矿床(点)对应的总水平梯度模量值具有明显的规律，除换新滩北金多金属矿点和希热哈达北铜铅锌矿化点外，其他大多数铜多金属矿床(点)模量值均位于 40~80 区域内，该模量值区域同时也是高磁性体边界位置范围，说明该范围可一定程度上代表岩体边界范围，侧面表明本次推断高磁性体的合理性。

总体来说，本次推断的高磁性体可以代表研究区内与成矿作用相关的岩浆岩和隐伏岩体，但部分区域异常由火山岩引起，不适合作为本次成矿预测的高磁性体，故将 Y01、Y04、Y06 等 13 个全部由火山岩引起的高磁性体删除，制作得研究区高磁性体信息提取图(图 6-10)。

第6章 园包山—小狐狸山区域尺度成矿预测

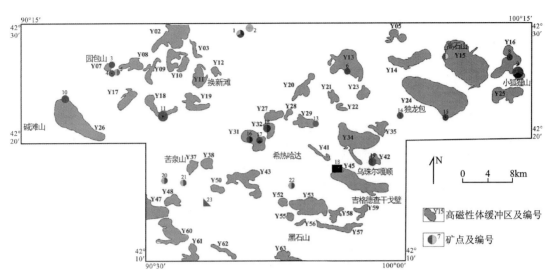

图 6-10 园包山—小狐狸山研究区控矿高磁性体缓冲区信息提取图（矿点编号见表 2-2）

6.3 构造控矿因素分析

6.3.1 构造空间展布情况

前已述及区内断裂构造发育，且主要分为北西向和北东向，为进一步获取研究区内线性构造的展布情况，现从磁法角度来解译区内线性构造情况，通过对研究区高精度磁测数据求取水平方向导数，来突出线性构造在磁场中的反映。根据野外实地调查结果并结合区域地质资料，选取与区内两个主要构造方向垂直的 27°、153°方位运用 RGIS 软件对磁法化极数据求取水平一阶导数并绘制等值线图（图 6-11、图 6-12）。现分别对两张图显示出的北西向条带状异常（图 6-11）和北东向条带状异常（图 6-12）进行断裂构造推断解译的研究工作，本次解译工作中断裂的主要表现形式及划分方法如下：①不同背景磁异常区分界线，将分界线位置作为断裂位置或断裂带中心位置；②磁异常的梯度带、线性密集带，以磁异常零值线为断裂所在位置；③串珠状、带状或雁行排列的异常带，在异常极值附近或零线附近位置；④线性异常带，以线性异常带的中间线为断裂中间位置；⑤磁场分布性质的突变带，包括异常走向的突变带（错动）、异常强度和宽度发生突然变化，以异常的突变位置或异常错动、发生突变的位置为断裂构造位置。

依据上述划分方法并结合地质构造背景资料分析对比，研究区内共推断出断裂 51 条，编号为 CF1～CF51。磁法推断断裂按照产状可明显分为北东向、北西向、近东西向（图 6-11、图 6-12，表 6-5），其中 17 条与已知断裂吻合，其余推断断裂则主要依据磁法多种梯度信息成果推断解译而来。在详细分析上述推断断裂构造的基础上，结合区域构造背景资料，认为区内构造以 CF1、CF2 断裂为界可分为 3 个区域，CF1、CF2 中间为断陷盆地，区域内多被第四系覆盖；CF1 以东的高石山—黑石山地区构造走向具有北西西—北西向、北东—北北东向与近东西向3组,以北西西向构造为主,并在空间上以北西西向断裂构成了雁列式特征,在北西西向区域大断裂附近还发育有北西向、北东向导矿构造,矿(化)点多发育在这两个方向构造的交会处;CF2以西的园包山—换新滩地区构造走向具有北西向、北东向与近东西向3组,且明显呈菱形网格状构造格局,矿(化)点也多发育在不同向构造的交会处。

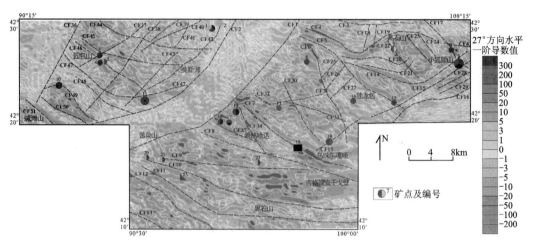

图 6-11　园包山—小狐狸山研究区 ΔT 化极磁异常沿 27°水平方向一阶导数等值线平面图
（矿点编号见表 2-2）

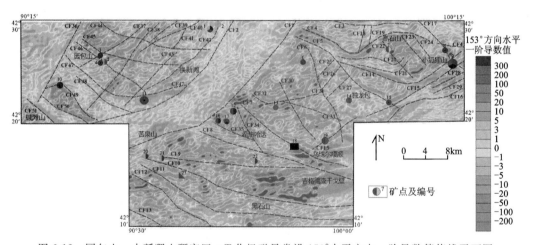

图 6-12　园包山—小狐狸山研究区 ΔT 化极磁异常沿 153°水平方向一阶导数等值线平面图
（矿点编号见表 2-2）

表 6-5　园包山—小狐狸山研究区磁法推断断裂一览表

断裂编号	推断依据	规模/km	走向	是否存在断裂
CF1	ΔT153°水平一阶导数异常正、负极值线性排列,ΔT153°、27°水平一阶导数异常突变带上,不同背景磁异常区分界线	40.2	北东	否
CF2	不同背景磁异常区分界线,ΔT153°、27°水平一阶导数异常强度、宽度的突变带;ΔT153°水平一阶导数正、负极值线性排列	35.0	北东	否

续表6-5

断裂编号	推断依据	规模/km	走向	是否存在断裂
CF3	$\Delta T27°$水平一阶导数异常正、负极值线性排列	14.5	近东西	否
CF4	$\Delta T27°$水平一阶导数正、负极值线性排列,正、负极值线性排列两侧正负极值连线走向较为紊乱	25.2	近东西	是
CF5	$\Delta T27°$水平一阶导数正、负极值线性排列	22.9	北西	是
CF6	$\Delta T27°$水平一阶导数正、负极值线性排列	19.9	北西	是
CF7	$\Delta T27°$水平一阶导数正、负极值线性排列	22.8	北西	否
CF8	$\Delta T27°$水平一阶导数正、负极值线性排列,局部两侧正、负极值连线走向较为紊乱	29.6	北西西	是
CF9	$\Delta T27°$水平一阶导数异常正、负极值线性排列,局部两侧正、负极值连线走向较为紊乱	26.8	近东西	是
CF10	$\Delta T27°$、$153°$水平一阶导数异常正、负极值线性排列	40.1	北西西	是
CF11	$\Delta T27°$水平一阶导数异常正、负极值线性排列,两侧正、负极值连线走向略有变化	41.7	北西西	是
CF12	$\Delta T27°$水平一阶导数异常正、负极值线性排列,两侧正、负极值连线走向有几次略微变化	17.7	北西西	否
CF13	$\Delta T27°$水平一阶导数异常正、负极值线性排列	7.0	北西西	否
CF14	$\Delta T27°$、$153°$水平一阶导数异常正、负极值线性排列,两侧正、负极值连线走向在中间方向发生改变	25.2	近东西	否
CF15	$\Delta T153°$水平一阶导数异常正、负极值线性排列	30.2	北东	是
CF16	$\Delta T153°$水平一阶导数异常正、负极值线性排列,两侧正、负极值连线走向略有变化	16.1	北东	否
CF17	$\Delta T27°$水平一阶导数异常正、负极值线性排列	12.8	北西	是
CF18	$\Delta T153°$水平一阶导数异常正、负极值线性排列	4.8	北北东	否
CF19	$\Delta T153°$水平一阶导数异常正、负极值线性排列	3.2	北北东	是
CF20	$\Delta T27°$水平一阶导数异常正、负极值线性排列,局部两侧正、负极值连线走向较为紊乱	12.8	近东西	否
CF21	$\Delta T27°$、$153°$水平一阶导数异常正、负极值线性排列	10.2	近东西	是
CF22	$\Delta T27°$水平一阶导数异常正、负极值线性排列	8.6	北西	否
CF23	$\Delta T27°$水平一阶导数异常正、负极值线性排列	7.0	北西	是
CF24	$\Delta T27°$水平一阶导数异常正、负极值线性排列	4.5	北西	否
CF25	$\Delta T153°$水平一阶导数异常正、负极值线性排列	4.2	北东	否

续表 6-5

断裂编号	推断依据	规模/km	走向	是否存在断裂
CF26	$\Delta T153°$水平一阶导数异常正、负极值线性排列	5.3	北东	否
CF27	$\Delta T153°$水平一阶导数异常正、负极值线性排列	5.8	北东	否
CF28	$\Delta T153°$水平一阶导数异常正、负极值线性排列	6.4	北东东	否
CF29	$\Delta T153°$水平一阶导数异常正、负极值线性排列	6.4	北东东	否
CF30	$\Delta T27°$水平一阶导数异常正、负极值线性排列	12.3	北西	否
CF31	$\Delta T153°$、$27°$水平一阶导数异常正、负极值线性排列	9.9	北东东	否
CF32	$\Delta T27°$水平一阶导数异常正、负极值线性排列	3.3	北西	否
CF33	$\Delta T27°$、$153°$水平一阶导数异常正、负极值线性排列	11.4	北西	否
CF34	$\Delta T27°$水平一阶导数异常正、负极值线性排列	9.5	北北西	否
CF35	$\Delta T27°$水平一阶导数异常正、负极值线性排列	7.7	北西	是
CF36	$\Delta T153°$水平一阶导数异常正、负极值线性排列	16.4	北东	否
CF37	$\Delta T153°$、$27°$水平一阶导数异常正、负极值线性排列	14.4	北东	是
CF38	$\Delta T153°$水平一阶导数异常正、负极值线性排列	20.8	北东	否
CF39	$\Delta T153°$水平一阶导数异常正、负极值线性排列,局部两侧正、负极值连线走向较为紊乱	6.1	北东	否
CF40	$\Delta T153°$水平一阶导数异常正、负极值线性排列,局部两侧正、负极值连线走向较为紊乱	12.3	北东东	否
CF41	$\Delta T153°$水平一阶导数异常正、负极值线性排列	4.3	北东	否
CF42	$\Delta T153°$水平一阶导数异常正、负极值线性排列	19.3	北东	是
CF43	$\Delta T153°$水平一阶导数异常正、负极值线性排列	13.7	北东	否
CF44	$\Delta T27°$水平一阶导数异常正、负极值线性排列,两侧正、负极值连线走向略有变化	21.6	北西	否
CF45	$\Delta T27°$水平一阶导数异常正、负极值线性排列	19.7	北西	是
CF46	$\Delta T27°$水平一阶导数异常正、负极值线性排列	15.6	北西	是
CF47	$\Delta T27°$水平一阶导数异常正、负极值线性排列,两侧正、负极值连线走向略有变化	25.4	北西	否
CF48	$\Delta T27°$水平一阶导数异常正、负极值线性排列	12.5	北西	否
CF49	$\Delta T27°$水平一阶导数异常正、负极值线性排列,两侧正、负极值连线走向略有变化	12.6	北西	是
CF50	$\Delta T27°$、$153°$水平一阶导数异常正、负极值线性排列	9.9	北西	是
CF51	$\Delta T27°$水平一阶导数异常正、负极值线性排列	7.1	北西	否

第 6 章 园包山—小狐狸山区域尺度成矿预测

上述磁法解译的推断断裂反映研究区整体上形成了以北西西—近东西向断裂平行展布划分全区和以北东向为主的各方向次级断裂,在局部形成雁列式、菱形网格状的构造格局,结合地质上已存在断裂构造,将两者叠加得到研究区构造空间的展布情况(图 6-13)。

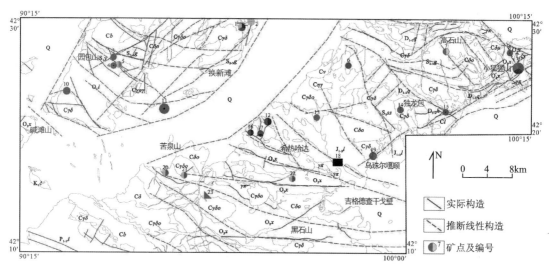

图 6-13 园包山—小狐狸山研究区构造空间展布图(矿点编号见表 2-2)

6.3.2 控矿构造信息提取

北山成矿带因受古亚洲洋向南俯冲的影响共发育 4 条北西向的蛇绿混杂岩带,其中最北部的红石山-百合山蛇绿混杂岩带即发育在研究区的南侧,由于后续造山过程中北西—南东向的挤压作用形成了北山成矿带北段地区北西—南东向的构造复式褶皱和逆冲-走滑断层,并派生出北西向、近南北向、北北东向等多个方向的次级构造(张善明等,2022),这与通过磁法数据解译得到的研究区是以区域性北西—近东西向断裂且发育配套的高密度次级断裂构造的空间展布情况相匹配。为了更合理地运用区内构造信息进行斑岩型矿床的成矿预测,下面将分别提取区域性北西—近东西向断裂和以北东向为主的各方向次级断裂构造。

6.3.2.1 北西—近东西向断裂

研究区东侧高石山—黑石山地区和西侧园包山地区均由奥陶系—石炭系组成,其内发育大量石炭纪侵入岩,属岛弧环境构造-岩浆-沉积活动产物。由磁法数据解译得到的北西—近东西向断裂展布情况可以看出岩浆岩和地层整体上呈北西—南东向带状分布在北西—近东西向平行断裂之间(图 6-13),表明区内地层、岩浆岩的展布明显受北西—近东西向构造控制。

另外,区内由磁法数据解译出两条规模较大的北西向断裂 CF7、CF47(图 6-11),以这两条断裂为界,南、北两侧的地质体、构造、矿床点具有较大差异。南侧主要发育奥陶系,构造形迹以北西西向、近东西向为主导,多发育铜金铅锌多金属矿化。北侧则大面积发育志留系—石炭系,构造行迹以北西向最为发育,多富铜金铅锌多金属矿化。显然,区域性北西—近东西向断裂控制了区内矿床的带状展布规律。

对这些北西—近东西向区域性断裂进行半径 100～1000m 的缓冲区分析,计算各缓冲半径的 C 值(证据权重法中表示证据层与矿产的相关程度,C 值越大相关程度越高),取 C 值最大时的半径为该组断裂影响域的最佳半径。由 MRAS 软件计算得到北西—近东西向断裂缓冲半径为 400m 时,相关系数 C 值最大为 0.643,提取结果见图 6-14。

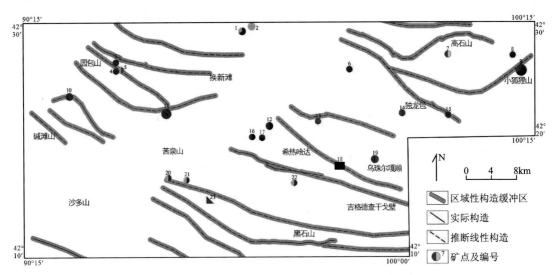

图 6-14　园包山—小狐狸山研究区北西—近东西向区域性构造信息提取图(矿点编号见表 2-2)

6.3.2.2　北东向、北西向等次级断裂

除上述规模较大的区域性断裂外,区内尚发育一系列规模相对较小的北东向、北西向等多个方向的次级断裂。这些次级断裂多发育在北西西—近东西向区域断裂附近,形成多条平行等规模断裂,如希热哈达、小狐狸山附近,或在构造密集区域相互交切将区内地质体分割成格子状,形成菱形网格状构造格局,如研究区西侧的园包山附近(图 6-13)。这些次级构造是研究区内重要的控矿构造,控制了区内大多数金属矿床的分布,如受多条平行等规模北东向次级断裂控制的希热哈达北铜铅锌矿化点和受菱形网格状构造控制的园包山铜钼矿化点。

对区内北东向、北西向等次级断裂进行半径 100～500m(间隔 50m)的缓冲区分析,计算各缓冲半径的 C 值,取 C 值最大时的半径为该组断裂影响域的最佳半径。计算得到北东向、北西向等次级断裂缓冲半径为 250m 时,相关系数 C 值最大为 1.721,提取结果见图 6-15。

6.3.3　构造交会部位信息提取

斑岩型矿床的形成除多期次侵入事件和岩浆热液活动外,有效的流体通道、互连的断裂网络也是极为重要的因素,其中多个方向控矿断裂的交会点不仅是岩浆热液活动的有利地段,也是成矿物质组分频繁叠加的场所和矿体在空间上交叉重叠的部位(许建仁和张鸣放,2012),与区域性断裂和次级断裂控制矿产的分布不同,多组构造交会部位往往对矿产位置具

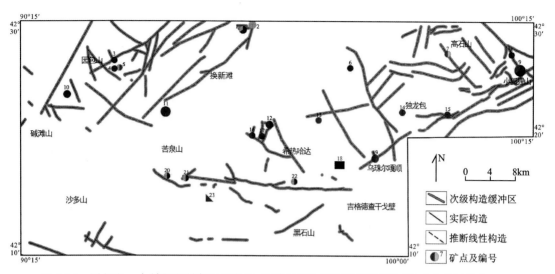

图 6-15 园包山—小狐狸山研究区北东向、北西向等次级断裂信息提取图(矿点编号见表 2-2)

有定位作用并且常控制着矿柱、矿囊等富矿体的产出。研究区内北东向、北西向断裂构造纵横交错,在园包山、高石山—小狐狸山、希热哈达等多个地区均有密集的构造交会点,形成了流体活动的通道,有利于成矿物质的运移、搬运及储存。这些地方成矿条件良好,已发现多个矿(化)点,如小狐狸山钼铅锌多金属矿床、园包山铜多金属矿化点等,因此多组断裂的交会点作为单独的一个控矿因素是必要的。

本次研究运用 MRAS 软件对区内断裂构造(删除实际构造与推断断裂重叠部分)的交会点进行提取,共获得交会点 100 个。对断裂构造的交会点作 100~500m(间隔 50m)的缓冲区分析,计算各缓冲半径的 C 值,取 C 值最大时的半径为该断裂交会点影响域的最佳半径。计算得到断裂构造交会点的缓冲半径为 250m 时,C 值最大为 2.971,提取结果见图 6-16。

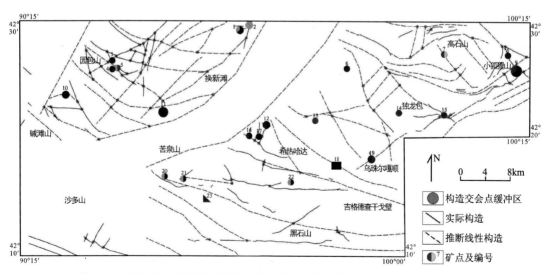

图 6-16 园包山—小狐狸山研究区构造交会点信息提取图(矿点编号见表 2-2)

6.3.4 接触带构造信息提取

识别斑岩型矿床的一个重要标志是其具有相似的蚀变分带类型和空间分布，岛弧环境下的斑岩型矿床蚀变分带从深部到浅部、从核心到外围理想情况下可分为钾硅酸盐化带、青磐岩化带、绢英岩化带和泥化带（卿敏等，2019）。上述各类蚀变带分布范围从岩体核部到外围围岩，其中矿化核心区域多为钾硅酸盐化的核心地带或叠加在钾硅酸盐化带上部的绢英岩化带，而钾硅酸盐化带常分布在斑岩体中心或内外接触带附近。因此接触带构造是斑岩型矿床形成的有利位置，提取接触带信息是进行园包山—小狐狸山斑岩型矿床成矿预测的重点。

磁法勘探具有深穿透性的特点，能够揭示地质体深部特征，在推断隐伏地质体（包括侵入体和矿体）上作用重大。本次研究采用的高精度地面磁测具有经济、快速、高效的特点，其 ΔT 等值线图及 ΔT 向上延拓等值线图在提取接触带信息上效果较好。其中由 ΔT 等值线图圈定的磁异常特征可以揭示浅部岩体从核心到外围因蚀变或矿化引起的异常，而 ΔT 向上延拓等值线图可更进一步从接触带构造深部揭示其影响范围。现将用以上两种方法提取研究区接触带构造信息。

6.3.4.1 磁异常信息提取

由于研究区地磁倾角较大，磁偏角较小，ΔT 等值线与化极后的相比总体特征没有发生太大变化，对 ΔT 磁异常的解释不会造成影响。因此，本次研究通过 ΔT 等值线图根据其局部异常展布形态特征、异常强度及等值线分布范围，同时结合对应的实际地质情况，采取不同背景区不同的磁场值来圈定磁异常，共圈定 39 个局部磁异常（图 6-17）。

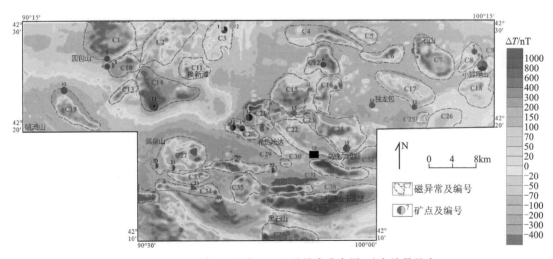

图 6-17 园包山—小狐狸山研究区 ΔT 磁异常分布图（矿点编号见表 2-2）

图 6-17 反映出研究区磁异常分布较广，大多数磁异常规模大、强度高，高值异常与岩体套合良好，矿（化）点的分布具有明显的规律性，均分布在正磁异常的边部或正负磁异常梯度

第6章 园包山—小狐狸山区域尺度成矿预测

带内。此外,在园包山、换新滩、高石山、苦泉山等多地均发现 ΔT 等值线呈环形或半环形正、负磁异常相伴生现象(周多等,2015),推断这些区域可能存在规模较大、多次喷发的火山通道,是形成斑岩型矿床的有利位置。

本次研究对重点典型矿床——高石山铜金矿床所在磁异常区(C7)进行解释。该磁异常区大致以 -50nT 等值线进行圈定,位于高石山附近。该异常形态较为规则,近似椭圆形,正、负磁异常相伴生现象明显,且与石英闪长岩体对应良好,为一处典型的火山通道。在 C7 异常区的中西部区域,正负磁异常变化极大,且正磁异常值相对较高,可达 1075nT,受斜磁化影响,伴随的负磁异常值可达 -1310nT,推测为蚀变或矿化引起。同时,该中西部区域与高石山铜金矿床在空间位置上高度重叠,对应石炭纪石英闪长岩与中上志留统公婆泉组二段($S_{2-3}g^2$)的接触带附近的矿化蚀变带,表明该正、负磁异常主要由矿化蚀变带引起。

综上所述,磁异常特征可以很好地指示区内具有一定规模的岩体及其伴随的矿化蚀变信息,圈定的 39 个磁异常可作为接触带构造信息图层之一用于证据权重法成矿预测。

6.3.4.2 向上延拓正、负磁异常梯度带信息提取

向上延拓可将观测面上的实测磁异常值换算到观测面以上的某一高度异常值,因此 ΔT 向上延拓等值线图可主要突出规模较大的(如区域性的,或深部较大规模的)异常体的异常特征,而压制规模较小的(如局部的、浅而小的)异常体的异常特征。本次研究以向上延拓 100m、200m、500m、1000m、2000m 为间隔,得出在向上延拓 500m 时矿化与深部地质体(侵入体和矿体)引起的磁异常关系最为紧密。在所有金属矿产中,86% 的矿(化)点分布在 -50~100nT 范围内(图 6-18),具有明显的规律性,该正、负磁异常梯度带可间接反映研究区接触带构造的影响范围,是良好的成矿预测图层之一。

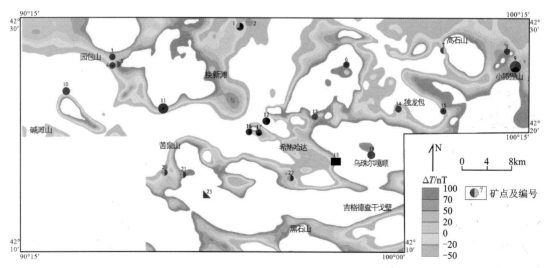

图 6-18 园包山—小狐狸山研究区高精度磁测 ΔT 向上延拓 500m 时
-50~100nT 信息提取图(矿点编号见表 2-2)

6.4 化探找矿信息

地球化学信息是成矿热液通过断裂网络等有效通道与围岩交代或在有利于位置大规模高效沉淀的成矿物质在其形成和后续解体迁移过程中留下的各种元素分布(分散、富集)情况(赵鹏大和魏俊浩,2019),而某些围绕含矿地质体分布的元素局部高含量带则是地球化学信息找矿的重点。本次研究共收集区内1∶5万土壤(水系)沉积物测量数据17 421件,分析元素为Au、Ag、Cu、Pb、Zn、W、Sn、Mo、Bi、Ni、As、Sb、Hg共13种。根据对单元素异常特征、元素共生组合特征(R型聚类分析、因子分析),大致可将上述元素分为3类元素组合,即Cu-Mo-W-Sn、Au-Ag-As-Sb-Hg、Pb-Zn-Bi。最终从中挑选出与斑岩型矿床形成直接相关的Cu、Mo、Au主成矿元素及与之共生的Ag、Pb、Zn共6种元素作为本次成矿预测的证据因子。将这3类元素组合特征简介如下。

(1)Cu-Mo-W-Sn元素组合异常(图6-19):在园包山、换新滩、小狐狸山—高石山—独龙包一带各类异常间套合性较好。该组异常多围绕石炭纪中酸性岩体周围呈不规则状分布,局部地段异常强度高,且区内异常集中区域与铜、钼、铁等多金属矿点套合,体现为一套中高温元素组合,反映这类组合异常发育地段可能对应着铜钼多金属矿床的存在。

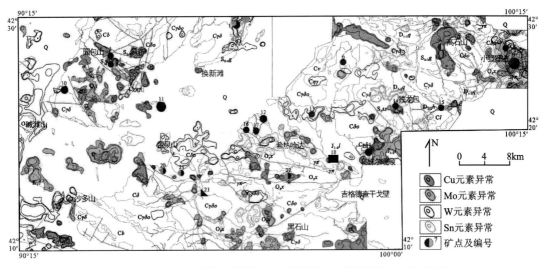

图6-19 园包山—小狐狸山研究区水系沉积物(土壤)测量Cu-Mo-W-Sn元素组合异常图(矿点编号见表2-2)

(2)Au-Ag-As-Sb-Hg元素组合异常(图6-20):主要分布在园包山、小狐狸山—独龙包、沙多山、苦泉山等地,尤其在小狐狸山—独龙包一带异常多沿着侵入岩岩体周缘展布,规模较大、浓集中心明显且元素间套合性较好。上述异常强度高、规模大、套合好区域是Au、Ag等低温元素作为金多金属矿床中主成矿元素或铜钼多金属矿床中伴生元素存在的潜力地段。

(3)Pb-Zn-Bi元素组合异常(图6-21):主要分布在园包山、小狐狸山—独龙包一带,其次

第 6 章 园包山—小狐狸山区域尺度成矿预测

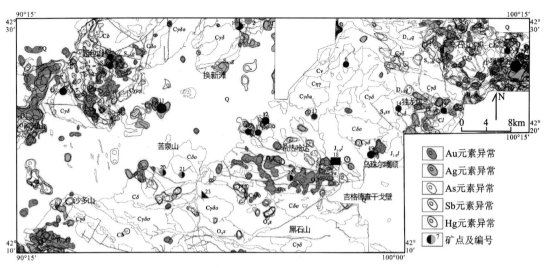

图 6-20 园包山—小狐狸山研究区水系沉积物(土壤)测量 Au-Ag-As-Sb-Hg 元素组合异常图(矿点编号见表 2-2)

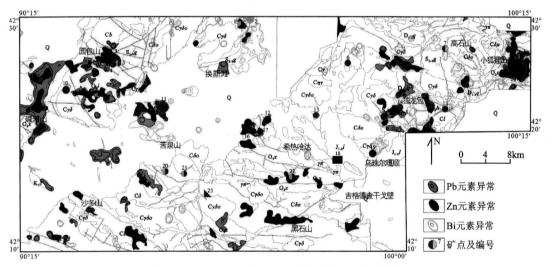

图 6-21 园包山—小狐狸山研究区水系沉积物(土壤)测量 Pb-Zn-Bi 元素组合异常图(矿点编号见表 2-2)

为换新滩北、沙多山及希热哈达北等地。该组异常多发育于石炭纪中酸性侵入岩岩体内部及周缘,且与已知铜铅锌多金属矿点套合较好,反映出该组异常的发育地段,Pb、Zn 可作为伴生元素形成铜多金属矿床。

综上所述,3 类组合异常在园包山、小狐狸山—独龙包、换新滩、希热哈达等地规模较大、浓集中心明显且元素间套合性较好,且均与中酸性岩体耦合性高,局部多处与已知铜多金属矿点套合,表明研究区具有寻找斑岩型矿床的潜力。这 3 类组合异常的代表性元素 Cu-Mo、Au-Ag、Pb-Zn 是研究区斑岩型矿床的直接找矿标志,对成矿预测具有重要影响,可分别提取单元素异常作为证据因子。

6.5 证据权重法成矿预测与找矿远景区圈定

综合上述有关地质、地球物理、地球化学等变量的分析,提取出石炭纪中酸性岩体、高磁性体、区域性北西—北东向断裂构造、Cu 地球化学异常、Au 地球化学异常等证据因子,详见表6-6。其中地质变量采取建立缓冲区的方法来代表其对矿点的影响范围,即各证据因子的影响域。本次证据因子缓冲区范围的确定在综合考虑证据因子与矿点关系、地质事实后得到范围在 300~500m 之间为最佳,而地球化学异常本身即表示该元素的影响范围,故不作改变。网格单元的划分在满足每格内存在 3~6 个地质信息和研究区比例尺大小的情况下设置为 500m×500m,整个研究区被划分为 10 817 个网格单元。利用 MRAS 软件对上述证据因子做证据重权法成矿预测得到各权重值。

表 6-6 园包山—小狐狸山研究区斑岩型矿床成矿预测之证据因子先验概率及权重值

序号	证据因子名称	条件概率1	条件概率2	条件概率3	条件概率4	正权重值 W^+	负权重值 W^-	相关系数 C
1	石炭纪中酸性岩浆岩缓冲区 400m	0.692	0.402	0.308	0.598	0.544	−0.665	1.208
2	三叠纪中酸性岩浆岩	0.077	0.026	0.923	0.974	1.094	−0.054	1.148
3	高磁性体	0.654	0.212	0.346	0.788	1.127	−0.823	1.950
4	北西向区域大断裂缓冲区 400m	0.462	0.311	0.538	0.689	0.396	−0.247	0.643
5	北东向、北北西向等次级断裂缓冲区 250m	0.731	0.327	0.269	0.673	0.804	−0.916	1.721
6	构造交会点缓冲区 250m	0.385	0.031	0.615	0.969	2.517	−0.454	2.971
7	磁异常	0.962	0.431	0.038	0.569	0.803	−2.695	3.498
8	磁法化极向上延拓 500m 物探异常(−50~100nT)	0.923	0.460	0.077	0.540	0.696	−1.948	2.644
9	铜地球化学异常	0.462	0.090	0.538	0.910	1.640	−0.525	2.165
10	钼地球化学异常	0.231	0.113	0.769	0.887	0.716	−0.143	0.859
11	金地球化学异常	0.385	0.114	0.615	0.886	1.217	−0.365	1.582
12	银地球化学异常	0.538	0.102	0.462	0.898	1.659	−0.665	2.324
13	铅地球化学异常	0.385	0.052	0.615	0.948	2.001	−0.432	2.433
14	锌地球化学异常	0.423	0.049	0.577	0.951	2.153	−0.500	2.653

注:条件概率1,矿点出现时,证据因子出现的概率;条件概率2,矿点没有出现时,证据因子出现的概率;条件概率3,矿点出现时,证据因子没有出现的概率;条件概率4,矿点没有出现时,证据因子没有出现的概率。

表 6-6 中正权重值 W^+、负权重值 W^- 分别反映了各个证据因子存在时和缺失时的权重值。相关系数 $C=W^+-W^-$，表示各个证据因子与矿床（点）之间的关联性强弱，因此 C 值大小可表明证据因子的找矿指示性好坏，其大小可以衡量各个证据因子对成矿预测的重要程度（孙艳霞等，2010；陈冲等，2012）。根据表中 C 值结果，发现 C 值大小与理论上各证据因子的重要程度高度对应，例如，表中与构造相关的证据因子"北西向区域大断裂""北东向、北北西向等次级断裂""构造交会点"相对应的 C 值从 0.643 到 1.721 再到 2.971 逐渐增大，说明本次预测结果与实际地质成矿事实相符，具有高可信度。

运用 MRAS 软件对表 6-6 中的 14 个证据因子进行显著性水平为 0.05 的条件独立性检验（Harris et al.，2001），计算结果显示 14 个证据因子全部相互独立，即全部通过条件独立性检验，表明 14 个证据因子均可用于后验概率的计算。本次研究对网格单元中后验概率位于前 10% 的 1082 个数据进行四级划分，用色块图的方式显示本次预测成果（图 6-22），四级后验概率区间分别为 [0.005,0.01)、[0.01,0.35)、[0.35,0.75)、[0.75,1]。

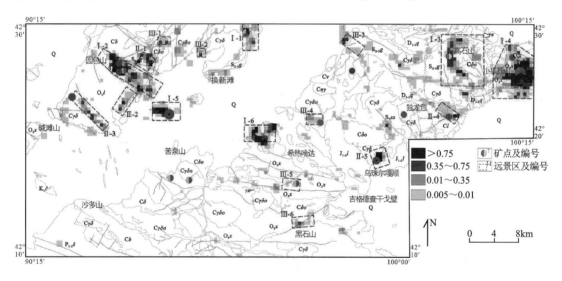

图 6-22　园包山—小狐狸山研究区斑岩型矿床证据权重法成矿预测及找矿远景区图

由预测成果图可知，已发现的矿床点位于四级后验概率区间内的共 18 个，占全部金属矿产的 85.7%，且后验概率大于 0.35 的单元内共有 12 个，占总数的 57%。该结果说明研究区内绝大多数矿点与预测成果一致，而且超过一半的矿点落在后验概率较大的区间内，因此本次成矿预测成果具有高可信度和高准确性。

根据上述预测成果，结合区内地质、化探异常等成矿地质条件，共圈定了 17 个找矿远景区，按成矿有利程度、找矿信息的可靠程度、勘查工作的优先级将找矿远景区划分成了Ⅰ、Ⅱ、Ⅲ三级，其中Ⅰ级 6 个，Ⅱ级 5 个，Ⅲ级 6 个（图 6-22，表 6-7）。其中，Ⅰ级找矿远景区指与通过综合找矿模型进行证据权重法预测的结果吻合程度高，成矿地质条件十分有利，可优先安排矿产勘查的地区；Ⅱ级找矿远景区指与成矿预测结果有较好的相似度，证据因子所代表的找矿信息较充分、较集中,可考虑安排地质工作的地区;Ⅲ级找矿远景区指找矿信息单一,具有一定资源潜力的地区。

表6-7 园包山—小狐狸山研究区找矿远景区一览表

编号	找矿远景区名称及主攻矿种	远景区级别
Ⅰ-1	换新滩北东铜铅锌多金属找矿远景区	Ⅰ级
Ⅰ-2	园包山铜钼金多金属找矿远景区	Ⅰ级
Ⅰ-3	高石山铜金多金属找矿远景区	Ⅰ级
Ⅰ-4	小狐狸山钼铅锌多金属找矿远景区	Ⅰ级
Ⅰ-5	嘎顺布拉格铁铜找矿远景区	Ⅰ级
Ⅰ-6	希热哈达北西铜铅锌多金属找矿远景区	Ⅰ级
Ⅱ-1	园包山北铜钼多金属找矿远景区	Ⅱ级
Ⅱ-2	园包山南铜多金属找矿远景区	Ⅱ级
Ⅱ-3	碱滩山东铜金多金属找矿远景区	Ⅱ级
Ⅱ-4	独龙包东银钼找矿远景区	Ⅱ级
Ⅱ-5	乌珠尔嘎顺铜钼金多金属找矿远景区	Ⅱ级
Ⅲ-1	园包山北东金找矿远景区	Ⅲ级
Ⅲ-2	换新滩北锌找矿远景区	Ⅲ级
Ⅲ-3	独龙包北西铜钼多金属找矿远景区	Ⅲ级
Ⅲ-4	希热哈达北东钼找矿远景区	Ⅲ级
Ⅲ-5	希热哈达北南铜金找矿远景区	Ⅲ级
Ⅲ-6	黑石山铜多金属找矿远景区	Ⅲ级

6.6 新圈定重点找矿远景区验证

本研究通过上述以斑岩型矿床综合找矿模型为理论的证据权重法成矿预测结果对研究区进行了找矿远景区的圈定工作,并在后续运用野外地质路线调查的方法在新圈定的Ⅰ-1、Ⅰ-2等7处找矿远景区内均发现多处矿化线索。其中Ⅰ-2园包山铜钼金多金属找矿远景区找矿效果最好,现就该远景区的实际情况进行介绍。

Ⅰ-2找矿远景区位于研究区西北部的园包山一带。区内地层由南向北依次出露下志留统园包山组和中上志留统公婆泉组。侵入岩以石炭纪二长花岗岩为主,呈北西向展布于远景区的中部(图6-23A),即园包山组与公婆泉组接触界线部位。围绕二长花岗岩体分布有多条褐铁矿化石英脉,且该处北西向、北西西向构造发育,区内西北部还发育多条绿帘石化带,表明该区具有较大的成矿潜力。

第 6 章 园包山—小狐狸山区域尺度成矿预测

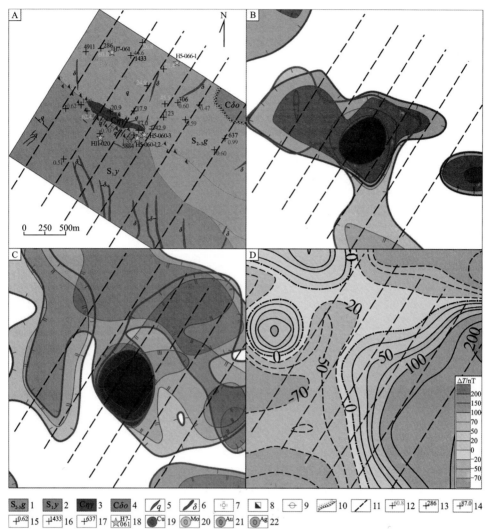

1.中上志留统公婆泉组；2.下志留统园包山组；3.石炭纪二长花岗岩；4.石炭纪石英闪长岩；5.石英脉；6.闪长岩脉；7.硅化；8.褐铁矿化；9.绿帘石化；10.角岩化；11.野外调查路线；12.化探高值点及 Au 元素异常值（10^{-9}）；13~17.化探高值点及 Cu、Mo、Ag、Pb、Zn 元素异常值（10^{-6}）；18.捡块样及编号；19~22. Cu、Mo、Au、Ag 元素地球化学异常。A.园包山地质、矿化蚀变及化探高值点；B.1∶5 万 Cu、Mo 地球化学异常；C.1∶5 万 Au、Ag 地球化学异常；D.1∶5 万高精度磁测 ΔT 化极等值线平面图

图 6-23 园包山铜钼金多金属找矿远景区综合找矿信息剖析图

1∶5 万土壤地球化学测量显示区内存在 Cu、Mo、Au、Ag、Pb、Zn 等多种地球化学异常，整体上呈北西向带状展布。区内 Cu、Mo、Au 等元素异常，规模大、强度高、浓集中心明显、元素套合好（图 6-23B、C），Cu 极值点可达 5884×10^{-6}，Mo 极值点可达 123×10^{-6}，Au 极值点可达 62.4×10^{-9}，还伴有 Ag、Pb、Zn 等元素异常。各元素异常距岩体的远近不同，其中 Cu-Mo 元素组合距岩体更近，且化探异常高值点与已有的铜矿化点和银钼矿化点套合较好，具有较大的找矿潜力。

1∶5 万高精度磁法测量显示，远景区位于正、负磁异常剧烈变化的过渡地带（-70～

100nT),且该正、负磁异常带与化探异常套合较好(图 6-23D),推测区内磁异常主要由岩体与地层的接触带构造和断裂构造引起。正、负磁异常梯度带是综合找矿模型中有利的物探找矿信息,说明该远景区找矿潜力大。

本次对远景区进行野外查证后发现,区内构造和热液活动较强。构造活动表现为不同地质体间的断层接触、劈理发育、蚀变带内裂隙众多等现象。热液活动表现为蚀变分带清晰,二长花岗岩体由内向外依次发育硅化、绿帘石化(图 6-23A)。矿化蚀变强烈地段多出露于构造蚀变带或地层及岩体中的众多蚀变石英脉内,整体走向为北西向,宽 3~5m 不等,可见延长 2~100m 不等,其内可见绿泥石化、绿帘石化和褐铁矿化,局部可见孔雀石化,强度较高(图 6-24C~F)。经过对捡块样的化验分析(表 6-8),Cu 最高含量 0.3%,Mo 最高含量 0.036%,Pb+Zn 最高含量 0.36%,Au 最高含量达 0.2g/t,显示该远景区具有较大寻找斑岩型矿床的潜力。

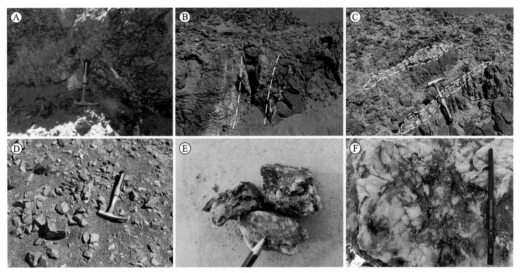

A. 石英脉体切过充满裂隙的蚀变岩;B. 构造蚀变带两侧发育硅化、褐铁矿化;C. 一组平行的石英赤铁矿脉;
D、E. 褐铁矿化石英;F. 石英脉裂隙内孔雀石

图 6-24 园包山铜钼金多金属找矿远景区野外查证照片

表 6-8 园包山铜钼金多金属找矿远景区捡块样化验分析数据表

送样编号	Au/10^{-6}	Ag/10^{-6}	Cu/%	Mo/%	Pb/%	Zn/%
H11-20	0.014	9	0.002	0.001	0.054	0.004
H5-060-1	0.014	<1	0.008	**0.026**	0.029	0.013
H5-060-2	**0.104**	<1	**0.101**	**0.036**	**0.128**	**0.235**
H5-060-3	**0.132**	9	**0.297**	0.010	0.008	0.008
H5-066-1	0.013	<1	**0.121**	0.006	0.004	0.016
H7-061	**0.211**	5	**0.164**	0.001	<0.001	0.006

注:加粗数据为分析结果中元素含量相对较高的数据。

第7章 成果认识与存在问题

7.1 认识与成果

7.1.1 资料收集与利用

本书是在系统收集园包山—小狐狸山地区7个1∶5万标准图幅的地质、物探、化探、地质勘查及科研等最新成果资料的基础上，进行整理、二次开发、综合研究完成的。地质矿产类资料具体包括1∶50万地质矿产图、7个图幅1∶5万地质矿产图及对应项目文字报告、1∶1万～1∶2000矿区尺度地质矿产图及对应勘查报告。物探资料包括1∶5万高精度磁测原始数据、1∶1万高精度磁测成果图和文字资料。化探资料包括覆盖全区的1∶5万水系沉积物（或土壤）测量原始数据及成果报告、覆盖面积约263km^{2}的1∶2.5万岩屑地球化学测量数据及报告。科研资料涉及相关专题期刊论文、博士和硕士学位论文及专著等。本次对全区各类原始数据资料的整理、处理及登记造表为后续其他项目的利用提供了宝贵的数据库。

7.1.2 高石山铜金矿床地质特征

高石山矿区内矿体主要产于接触带附近的蚀变带中，带内硅化、碳酸盐化发育，矿化呈脉状、网脉状、浸染状；根据矿物组合及其穿插关系，可进一步将矿石细脉划分为黄铜矿＋磁铁矿＋黄铁矿脉、磁铁矿＋黄铁矿＋石英＋磁黄铁矿脉、黄铁矿＋黄铜矿脉、黄铁矿＋石英＋黄铜矿＋毒砂＋闪锌矿＋磁黄铁矿脉4种类型；区内蚀变分带清晰，围绕石英闪长岩体依次发育钾化-绿帘石化带、硅化-碳酸盐化带、绿泥石化带。综上所述，高石山矿床应为较为典型的斑岩型铜金矿床，成矿作用与矿区发育的石英闪长岩相关。

7.1.3 高石山矿区成矿潜力与找矿方向

高石山矿区成矿石英闪长岩体锆石 U-Pb 年龄为 308.2～310.1Ma，时代为晚石炭世。石英闪长岩具有高 SiO_2、高 Al_2O_3、高 Sr/Y 值、富集 Sr 和 LREE，亏损 Y 和 HREE 等类似于埃达克质岩石的地球化学特征。此外，对世界范围内典型斑岩型铜金矿床成矿岩体的锆石微量元素数据进行了收集、整理与重新计算，发现 Ce^{4+}/Ce^{3+}、Eu_N/Eu_N^*、$10\,000\times(Eu_N/Eu_N^*)/Y$ 等参数能够较好地指示岩体氧化状态及含水量等条件，且与矿床规模间呈较为良好的线性关系。上述石英闪长岩体的全岩主微量分析及锆石微量元素参数的计算和比对结果均说明该矿床具有较大的成矿潜力。

高石山矿区岩浆岩大面积出露、已发现矿体中碳酸盐化普遍发育、矿体产状近直立等多方面信息表明矿区剥蚀程度较高,寻找接触带或隐伏岩体应为下一步工作的重点方向。通过矿区内岩芯样品短波红外光谱特征参数对比、化探元素组合分带情况以及可控源音频大地电磁测深(CSAMT)剖面二维反演结果综合分析,认为矿区中东部 ZK3-2、ZK3/4/5 周缘极有可能为热液/矿化中心,是下一步矿区尺度勘查工作的重点地段。

7.1.4 高石山周缘矿田尺度成矿预测

根据一般元素比分析法,利用矿物化学式中 K、Al 之间的化学计量数比值差异,从高石山周缘地区 1∶2.5 万岩屑地球化学测量数据中提取出绢云母、钾长石等蚀变矿物。由此提取出的蚀变矿物在空间上的分布规律与典型斑岩型矿床蚀变分带模型相符,即绢云母沿岩体边缘分布,钾长石多集中分布在靠近岩体中心地段。将提取出的蚀变矿物与中酸性岩体、断裂构造、化探异常等作为证据图层进行矿田尺度的证据权重法成矿预测,共圈定靶区 5 处,既验证了提取的绢云母在成矿预测上的重要作用,也为高石山周缘地区的找矿工作提供了方向。

7.1.5 园包山—小狐狸山区域尺度成矿预测

本研究以斑岩型矿床成矿系统理论为指导,将斑岩型矿床的成矿关键过程分为 4 个,分别为:①流体起源;②流体运移;③流体圈闭;④金属沉淀。通过分析从矿区尺度到区域尺度的成矿关键信息,以理论指导研究区地质资料和物探、化探数据的处理方向,提取出石炭纪中酸性岩体缓冲区 400m、高磁性体、区域性北西—北东向断裂构造缓冲区 400m、磁法化极向上延拓 500m 物探异常(−50~100nT)、Cu 地球化学异常、Au 地球化学异常等 14 个有利证据因子,并据此开展园包山—小狐狸山区域尺度斑岩型矿床证据权重法成矿预测工作,最终共圈定Ⅰ级找矿远景区 6 处、Ⅱ级找矿远景区 5 处、Ⅲ级找矿远景区 6 处。经野外矿产检查验证,于 7 处找矿远景区内发现铜、钼、金等矿化线索。其中Ⅰ-2 园包山铜钼金多金属找矿远景区斑岩型矿化特征最为典型。捡块样化验分析显示:铜品位最高达 0.3%,钼品位高达 0.036%,金品位高达 0.2g/t,伴生铅+锌品位高达 0.36%。该远景区寻找斑岩型矿床的潜力较大,是后续找矿工作的重点。

7.1.6 实验室建设与人才培养

(1)内蒙古自治区地质调查研究院张成、曹磊、肖剑伟等分别对自治区"岩浆活动成矿与找矿重点实验室"的扫描电镜、电子探针、稳定同位素质谱仪、激光剥蚀电感耦合等离子体质谱仪开展了深度研发,并将测试方法应用于项目研究过程中。内蒙古自治区地质调查研究院张成快速成长为单位的中青年骨干,曹磊顺利考入中国地质大学(武汉)攻读硕士研究生。

(2)中国地质大学(武汉)李奥冰、刘玉国、姜春伟、盛佳明、王安赐、李凯等在项目研究基础上完成本科毕业论文;陈耀、陈勇、张维康 3 名硕士研究生已毕业;姜春伟、刘启凡、盛佳明等拟后期继续完成硕士和博士论文。中国地质大学(武汉)付乐兵于 2019 年度获聘为博士生导师,担任 *Ore Geology Reviews* 及 *Ore and Energy Resource Geology* 副主编,2020 年获聘为地大学者青年拔尖人才。

7.1.7　前期成果发表

(1)通过该项目实施,共发表论文3篇。具体情况如下:
①北山成矿带月牙山—老硐沟地区铜多金属矿床成矿预测,地质科技通报,2021已刊出。
②内蒙古北山成矿带月牙山—老硐沟地区金多金属矿床成矿预测,西北地质,2023已刊出。
③基于地球化学数据的斑岩型矿床蚀变矿物提取与综合成矿预测,地质科技通报,2023,专家审回第二次修改完毕。
(2)姜春伟完成的《内蒙古高石山斑岩型铜金矿床成矿潜力与找矿方向》获中国地质大学(武汉)优秀本科毕业论文。

7.1.8　科技创新(方法组合的创新)

(1)矿区尺度:通过石英闪长岩体主微量元素特征、锆石 Hf 同位素和锆石微量元素等多手段研究对矿床的成矿潜力进行综合判断。在此基础上结合矿床剥蚀程度、围岩蚀变分带特征、短波红外光谱特征、地球化学及地球物理找矿信息综合推断矿区热液/矿化中心,为下一步矿区尺度勘查工作提供方向。

(2)矿田尺度:创新使用新方法——一般元素比分析法提取蚀变矿物,运用该方法从矿物化学式元素间化学计量数比值角度对岩屑地球化学测量数据进行绢云母、钾长石等蚀变矿物提取,手段新颖,并将提取的蚀变矿物结合地质、化探信息用于矿田尺度成矿预测,为该方法在成矿预测上的应用提供方向。

(3)区域尺度:将成矿系统理论与成矿预测相结合。根据成矿系统理论,建立斑岩型矿床综合找矿模型。在该模型的基础上,指导园包山—小狐狸山研究区内找矿信息的提取,进而运用证据权重法开展区域尺度斑岩型矿床成矿预测和远景区圈定,有效指导了园包山—小狐狸山研究区斑岩型矿床的找矿工作。

7.2　存在问题

(1)以往工作完成时间跨度大,所涉及项目及参加单位众多,致使资料综合利用难度大。部分图幅的高精度磁法测量数据缺失,导致在物探分析及提取工作中存在空白区。

(2)高石山地区普遍存在石膏层,导致采集的岩屑地球化学测量中 Ca 元素含量偏高,干扰了对于蚀变矿物钾长石的提取。

(3)斑岩型矿床所涉及的成矿过程是一个漫长且复杂的过程,存在部分过程在研究区尺度上难以通过区域地质、物探、化探资料提取可映射特征,例如本研究在讨论斑岩型矿床的流体圈闭过程时,平面上的可映射特征容易提取,但在剖面上有利于流体圈闭的构造特征则难以提取。

主要参考文献

陈冲,谭俊,石文杰,等,2012. MORPAS 系统证据权法在中大比例尺成矿预测中的应用[J]. 物探与化探,36(5):827-833.

陈华勇,张世涛,初高彬,等,2019. 鄂东南矿集区典型矽卡岩-斑岩矿床蚀变矿物短波红外(SWIR)光谱研究与勘查应用[J]. 岩石学报,35(12):3629-3643.

陈智斌,于洋,薄海军,2020. 内蒙古额济纳地区奥陶纪火山岩地球化学特征及其地质意义[J]. 地球科学,45(2):503-518.

高晓英,郑永飞,2011. 金红石 Zr 和锆石 Ti 含量地质温度计[J]. 岩石学报,27(2):417-432.

龚全胜,刘明强,梁明宏,等,2003. 北山造山带大地构造相及构造演化[J]. 西北地质(1):11-17.

勾宗洋,2018. 西秦岭温泉和太阳山斑岩型矿床岩浆氧逸度及其地质意义[D]. 北京:中国地质大学(北京).

郭峰,2017. 冈底斯西段朱诺斑岩铜矿床岩浆氧逸度和含水性[D]. 北京:中国地质大学(北京).

何世平,任秉琛,姚文光,等,2002. 甘肃内蒙古北山地区构造单元划分[J]. 西北地质(4):30-40.

侯增谦,莫宣学,高永丰,等,2003. 埃达克岩:斑岩铜矿的一种可能的重要含矿母岩——以西藏和智利斑岩铜矿为例[J]. 矿床地质(1):1-12.

江彪,王登红,马玉波,等,2022. 北山及其相邻地区主要矿床类型、找矿新进展及方向[J]. 地质学报,96(6):2206-2216.

姜寒冰,杨合群,董福辰,等,2012. 东天山—北山地区成矿单元划分[J]. 西北地质,45(3):1-12.

冷成彪,陈喜连,张静静,等,2020. 斑岩型 $Cu\pm Mo\pm Au$ 矿床的勘查标志:岩石化学和矿物化学指标[J]. 地质学报,94(11):3189-3212.

李敏,辛后田,任邦方,等,2019. 内蒙古哈珠地区晚古生代花岗岩类成因及其构造意义[J]. 地球科学,44(1):328-343.

李人澍,1996. 成矿系统分析的理论与实践[M]. 北京:地质出版社.

刘彬,王复求,2016. 东天山白山斑岩钼矿床深部斑岩体锆石 SIMS U-Pb 定年、Hf 同位素组成及其地质意义[J]. 地学前缘,23(5):291-300.

主要参考文献

刘嘉成,2017. 黔西南水银洞金矿床多期次围岩蚀变和短波红外光谱研究及其成矿和找矿意义[D]. 武汉:中国地质大学(武汉).

刘建明,张锐,张庆洲,2004. 大兴安岭地区的区域成矿特征[J]. 地学前缘(1):269-277.

聂凤军,江思宏,白大明,等,2003. 内蒙古北山及邻区金属矿床类型及其时空分布[J]. 地质学报(3):367-378.

聂凤军,江思宏,赵省民,等,2002. 内蒙古流沙山金(钼)矿床地质特征及矿床类型的划分[J]. 地质地球化学(1):1-7.

聂凤军,屈文俊,刘妍,等,2005. 内蒙古额勒根斑岩型钼(铜)矿化区辉钼矿铼-锇同位素年龄及地质意义[J]. 矿床地质(6):638-646.

牛文超,辛后田,段连峰,等,2019. 内蒙古北山地区百合山蛇绿混杂岩带的厘定及其洋盆俯冲极性:基于1:5万清河沟幅地质图的新认识[J]. 中国地质,46(5):977-994.

彭振安,李红红,屈文俊,等,2010. 内蒙古北山地区小狐狸山钼矿床辉钼矿Re-Os同位素年龄及其地质意义[J]. 矿床地质,29(3):510-516.

卿敏,王文成,李文博,等,2019. 岛弧-陆缘弧环境斑岩$Cu \pm Mo \pm Au$矿床勘查:地质标志应用[J]. 矿床地质,38(6):1223-1244.

任邦方,任云伟,牛文超,等,2019. 内蒙古北山哈珠东山泥盆系雀儿山群火山岩锆石U-Pb年龄、Hf同位素特征及其地质意义[J]. 地球科学,44(1):298-311.

任欢,2020. 冈底斯德明顶矿区短波红外光谱特征及找矿指示意义[D]. 北京:中国地质大学(北京).

孙艳霞,张达,王长明,等,2010. 证据权重法在新矿床类型成矿预测中的应用[J]. 金属矿山(9):79-83.

田丰,冷成彪,张兴春,等,2019. 短波红外光谱技术在矿床勘查中的应用[J]. 矿物岩石地球化学通报,38(3):634-642.

王继春,2017. 内蒙古二连-东乌旗成矿带西段区域成矿系统研究及找矿预测[D]. 北京:中国地质大学(北京).

王小红,杨建国,谢燮,等,2013. 甘肃北山红石山基性—超基性岩体的成因类型及构造意义[J]. 西北地质,46(1):40-55.

王银宏,薛春纪,刘家军,等,2014. 新疆东天山土屋斑岩铜矿床地球化学、年代学、Lu-Hf同位素及其地质意义[J]. 岩石学报,30(11):3383-3399.

王治华,葛良胜,郭晓东,等,2012. 云南马厂箐矿田浅成低温热液-斑岩型Cu-Mo-Au多金属成矿系统[J]. 岩石学报,28(5):1425-1437.

魏少妮,朱永峰,安芳,2020. 新疆包古图斑岩铜矿Ⅲ-2岩体氧逸度研究:来自矿物成分的指示[J]. 地质学报,94(8):2367-2382.

魏少妮,朱永峰,2015. 新疆西准噶尔包古图地区中酸性侵入体的岩石学、年代学和地球化学研究[J]. 岩石学报,31(1):143-160.

吴福元,李献华,郑永飞,等,2007. Lu-Hf同位素体系及其岩石学应用[J]. 岩石学报,

2(23):185-220.

吴元保,郑永飞,2004. 锆石成因矿物学研究及其对 U-Pb 年龄解释的制约[J]. 科学通报,(16):1589-1604.

习近勇,张善明,张治国,等,2014. 北山内蒙古地区主要内生金属矿区域成矿规律及找矿方向[J]. 西部资源(2):113-115.

谢春林,杨建国,王立社,等,2009. 甘肃北山地区古亚洲南缘古生代岛弧带位置的讨论[J]. 地质学报,83(11):1584-1600.

辛后田,牛文超,田健,等,2020. 内蒙古北山造山带时空结构与古亚洲洋演化[J]. 地质通报,39(9):1297-1316.

修连存,郑志忠,俞正奎,等,2009. 近红外光谱仪测定岩石中蚀变矿物方法研究[J]. 岩矿测试,28(6):519-523.

许超,陈华勇,NOEL W,等,2017. 福建紫金山矿田西南铜钼矿段蚀变矿化特征及 SWIR 勘查应用研究[J]. 矿床地质,36(5):1013-1038.

许建仁,张鸣放,2012. 控矿断裂构造交汇部位的定向、定位研究及其应用[J]. 黄金,33(1):15-18.

杨合群,李英,李文明,等,2008. 北山成矿构造背景概论[J]. 西北地质,26(1):22-28.

杨合群,李英,赵国斌,等,2010. 北山蛇绿岩特征及构造属性[J]. 西北地质,43(1):26-36.

杨帅师,2012. 内蒙古北山北带斑岩型矿床特征与成矿系统分析[D]. 北京:中国地质大学(北京).

杨岳清,赵金花,孟贵祥,等,2013. 内蒙古北山地区斑岩型钼矿的成岩成矿时代和形成环境探讨[J]. 地球学报,34(4):401-412.

杨志明,侯增谦,杨竹森,等,2012. 短波红外光谱技术在浅剥蚀斑岩铜矿区勘查中的应用:以西藏念村矿区为例[J]. 矿床地质,31(4):699-717.

於崇文,1998. 成矿作用动力学[M]. 北京:地质出版社.

於崇文,1994. 成矿作用动力学:理论体系和方法论[J]. 地学前缘(3):54-82.

翟裕生,2000. 成矿系统及其演化:初步实践到理论思考[J]. 地球科学(4):333-339.

翟裕生,1999. 论成矿系统[J]. 地学前缘(1):14-28.

张善明,王根厚,赵士宝,等,2022. 北山内蒙地区主要岩浆-热力构造类型及控矿作用分析[J]. 大地构造与成矿学,46(4):691-709.

赵利青,邓军,原海涛,等,2008. 台上金矿床蚀变带短波红外光谱研究[J]. 地质与勘探(5):58-63.

赵鹏大,陈永清,刘吉平,1999. 地质异常成矿预测理论与实践[M]. 武汉:中国地质大学出版社.

赵鹏大,池顺都,1991. 初论地质异常[J]. 地球科学(3):241-248.

赵鹏大,魏俊浩,2019. 矿产勘查理论与方法[M]. 武汉:中国地质大学出版社.

赵新福,李占轲,赵少瑞,等,2019. 华北克拉通南缘早白垩世区域大规模岩浆-热液成矿系统[J]. 地球科学，44(1)：52-68.

赵志雄，熊煜，贾元琴，等，2018. 北山独龙包地区晚石炭世陆缘弧岩浆作用：花岗闪长岩锆石 U-Pb 年龄及地球化学证据[J]. 地质论评，64(3)：597-609.

周多，董再民，陈安霞，2015. 内蒙古新巴尔虎右旗地区磁异常特征及成矿预测[J]. 地质与资源，24(4)：369-372.

左国朝，何国琦，张扬，1990. 北山板块构造及成矿规律[M]. 北京：北京大学出版社.

左国朝，刘义科，刘春燕，2003. 甘新蒙北山地区构造格局及演化[J]. 甘肃地质学报(1)：1-15.

AGTERBERG F P, 1992. Combining indicator patterns in weights of evidence modeling for resource evaluation[J]. Nonrenewable Resources, 1(1): 39-50.

AHMED A, CRAWFORD A J, LESLIE C, et al., 2020. Assessing copper fertility of intrusive rocks using field portable X-ray fluorescence (pXRF) data[J]. Geochemistry: Exploration, Environment, Analysis, 20(1): 81-97.

ARANCIBIA O N, CLARK A H, 1996. Early magnetite-amphibole-plagioclase alteration-mineralization in the island copper porphyry copper-gold-molybdenum deposit, British Columbia[J]. Economic Geology, 91(2): 402-438.

BALLARD J R, PALIN M J, CAMPBELL I H, 2002. Relative oxidation states of magmas inferred from Ce(Ⅳ)/Ce(Ⅲ) in zircon: application to porphyry copper deposits of northern Chile[J]. Contributions to Mineralogy and Petrology, 144(3): 347-364.

BLUNDY J, WOOD B, 1994. Prediction of crystal-melt partition coefficients from elastic moduli[J]. Nature (London), 372: 452-454.

CHANG Z, HEDENQUIST J W, WHITE N C, et al., 2011. Exploration tools for linked porphyry and epithermal deposits: Example from the Mankayan intrusion-centered Cu-Au district, Luzon, Philippines[J]. Economic geology, 106(8): 1365-1398.

CHELLE-MICHOU C, CHIARADIA M, OVTCHAROVA M, et al., 2014. Zircon petrochronology reveals the temporal link between porphyry systems and the magmatic evolution of their hidden plutonic roots (the Eocene Coroccohuayco deposit, Peru)[J]. Lithos, 198: 129-140.

COOKE D R, AGNEW P, HOLLINGS P, et al., 2020. Recent advances in the application of mineral chemistry to exploration for porphyry copper-gold-molybdenum deposits: detecting the geochemical fingerprints and footprints of hypogene mineralization and alteration[J]. Geochemistry: Exploration, Environment, Analysis, 20(2): 176-188.

COOKE D R, HOLLINGS P, WALSHE J L, 2005. Giant porphyry deposits characteristics, distribution, and tectonic controls[J]. Economic Geology, 100(5): 801-818.

COOKE D R, HOLLINGS P, WILKINSON J J, 2014. Geochemistry of porphyry[J]. Treatise on Geochemistry, 1(3): 357-381.

DILLES J H, EINAUDI M T, 1992. Wall-rock alteration and hydrothermal flow paths about the Ann-Mason porphyry copper deposit, Nevada: a 6km vertical reconstruction[J]. Economic Geology, 87(8): 1963-2001.

DILLES J H, KENT A J R, WOODEN J L, et al., 2015. Zircon compositional evidence for sulfur-degassing from ore-forming arc magmas[J]. Economic Geology, 110(1): 241-251.

ESCOLME A, BERRY R F, HUNT J, et al., 2019. Predictive models of mineralogy from whole-rock assay data: case study from the Productora Cu-Au-Mo deposit, Chile[J]. Economic Geology, 114(8): 1513-1542.

FERRY J M, WATSON E B, 2007. New thermodynamic models and revised calibrations for the Ti-in-zircon and Zr-in-rutile thermometers [J]. Contributions to Mineralogy and Petrology, 154(4): 429-437.

GUSTAFSON L B, HUNT J P, 1975. The porphyry copper deposit at El Salvador, Chile[J]. Economic Geology, 70(5): 857-912.

HALLEY S, 2020. Mapping magmatic and hydrothermal processes from routine exploration geochemical analyses[J]. Economic Geology, 115(3): 489-503.

HARRIS A C, GOLDING S D, 2002. New evidence of magmatic-fluid-related phyllic alteration: Implications for the genesis of porphyry Cu deposits[J]. Geology, 30(4): 335-338.

HARRIS D P, HARRIS H, 1984. Mineral resources appraisal: mineral endowment, resources, and potential supply: concepts, methods and cases [M]. Boston: Oxford University Press.

HARRIS J R, WILKINSON L, HEATHER K, et al., 2001. Application of GIS processing techniques for producing mineral prospectivity maps: a case study: mesothermal Au in the Swayze greenstone belt, Ontario, Canada[J]. Natural resources research, 10(2): 91-124.

HAYDEN L A, WATSON E B, 2007. Rutile saturation in hydrous siliceous melts and its bearing on Ti-thermometry of quartz and zircon[J]. Earth and Planetary Science Letters, 258(3-4): 561-568.

HOU Z Q, YANG Z M, QU X M, et al., 2009. The Miocene Gangdese porphyry copper belt generated during post-collisional extension in the Tibetan Orogen[J]. Ore Geology Reviews, 36: 25-51.

HRONSKY J M A, GROVES D I, 2008. Science of targeting: definition, strategies, targeting and performance measurement[J]. Australian Journal of Earth Sciences, 55(1): 3-12.

JOHN D A, TAYLOR R D, 2016. By-products of porphyry copper and molybdenum deposits[J]. Society of Economic Geologists, 18: 137-164.

KREUZER O P, MILLER A V M, PETERS K J, et al., 2015. Comparing prospectivity modelling results and past exploration data: A case study of porphyry Cu - Au mineral systems in the Macquarie Arc, Lachlan Fold Belt, New South Wales[J]. Ore Geology Reviews, 71: 516-544.

LAAKSO K, PETER J M, RIVARD B, et al., 2016. Short-wave infrared spectral and geochemical characteristics of hydrothermal alteration at the archean Izok Lake Zn-CU-Pb-Ag volcanogenic massive sulfide deposit, Nunavut, Canada: Application in exploration target vectoring[J]. Economic Geology, 111(5): 1223-1239.

LEE C A, TANG M, 2020. How to make porphyry copper deposits[J]. Earth and Planetary Science Letters, 529: 115 868.

LEE C T, LUFFI P, CHIN E J, et al., 2012. Copper systematics in arc magmas and implications for crust-mantle differentiation[J]. Science, 336(6077): 64-68.

LOADER M A, WILKINSON J J, ARMSTRONG R N, 2017. The effect of titanite crystallisation on Eu and Ce anomalies in zircon and its implications for the assessment of porphyry Cu deposit fertility[J]. Earth and Planetary Science Letters, 472: 107-119.

LOUCKS R R, 2014. Distinctive composition of copper-ore-forming arcmagmas[J]. Australian Journal of Earth Sciences, 61(1): 5-16.

LOUCKS R R, FIORENTINI M L, HENRiQUEZ G J, 2020. New magmatic oxybarometer using trace elements in zircon[J]. Journal of Petrology, 61(3):1031-1048.

LOWELL J D, GUMBERT J M, 1970. Lateral and vertical alteration-mineralization zoning in porphyry ore deposits: Econ[C]. Citeseer.

LU Y, LOUCKS R R, FIORENTINI M, et al., 2016. Zircon Compositions as a Pathfinder for Porphyry Cu ± Mo ± Au Deposits[J]. Society of Economic Geologists Special Publications, 19: 329-347.

MARTIN H, 1986. Effect of steeper Archean geothermal gradient on geochemistry of subduction-zone magmas[J]. Geology, 14: 753-756.

MCCUAIG T C, BERESFORD S, HRONSKY J, 2010. Translating the mineral systems approach into an effective exploration targeting system[J]. Ore Geology Reviews, 38(3): 128-138.

NICHOLLS J, 1988. The statistics of Pearce element diagrams and the Chayes closure problem[J]. Contributions to Mineralogy and Petrology, 99(1): 11-24.

O'NEILL H S C, 1987. Quartz-fayalite-iron and quartz-fayalite-magnetite equilibria and the free energy of formation of fayalite (Fe_2SiO_4) and magnetite (Fe_3O_4)[J]. American Mineralogist,62(3):321-334.

PEARCE T H, 1968. A contribution to the theory of variation diagrams[J]. Contributions to Mineralogy & Petrology, 19: 142-157.

RICHARDS J P, KERRICH R, 2007. Special Paper: Adakite-Like Rocks: Their

Diverse Origins and Questionable Role in Metallogenesis[J]. Economic Geology, 102(4): 537-576.

RICHARDS J P, 2021. Porphyry copper deposit formation in arcs: What are the odds? [J]. Geosphere, 18(1): 130-155.

RICHARDS J P, 2003. Tectono-magmatic precursors for porphyry Cu-(Mo-Au) deposit formation[J]. Economic Geology, 98: 1515-1533.

ROWLAND J V, RHYS D A, 2020. Applied Structural Geology of Ore-forming Hydrothermal Systems[M]. Littleton, USA: Society of Economic Geologists.

RUSSELL J K, STANLEY C R, 1990. A theoretical basis for the development and use of chemical variation diagrams[J]. Geochimica et Cosmochimica Acta, 54(9): 2419-2431.

SEEDORFF E, DILLES J H, PROFFETT J M, et al., 2005. Porphyry deposits: characteristics and origin of hypogene features[M]. One Hundredth Anniversary Volume, Society of Economic Geologists.

SHEN P, HATTORI K, PAN H, et al., 2015. Oxidation condition and metal fertility of granitic magmas: Zircon trace-element data from porphyry Cu deposits in the central Asian Orogenic Belt[J]. Economic Geology, 110(7): 1861-1878.

SHU Q, CHANG Z, LAI Y, et al., 2019. Zircon trace elements and magma fertility: insights from porphyry (-skarn) Mo deposits in NE China[J]. Mineralium Deposita, 54(5): 645-656.

SILLITOE R H, 2010. Porphyry copper systems[J]. Economic Geology, 105: 3-41.

SINGER D A, BERGER V I, MORING B C, 2008. Porphyry copper deposits of the world: Database and grade and tonnage models: USGS Open-File Report 2008-1155[J]. USGS: Reston, VA, USA.

SMYTHE D J, BRENAN J M, 2015. Cerium oxidation state in silicate melts: Combined f_{O_2}, temperature and compositional effects[J]. Geochimica et Cosmochimica Acta, 170: 173-187.

SMYTHE D J, BRENAN J M, 2016. Magmatic oxygen fugacity estimated using zircon-melt partitioning of cerium[J]. Earth and Planetary Science Letters, 453: 260-266.

STANLEY C R, 2019. Molar element ratio analysis of lithogeochemical data: a toolbox for use in mineral exploration and mining[J]. Geochemistry: Exploration, Environment, Analysis, 20(2): 233-256.

SUN S S, MCDONOUGH W F, 1989. Chemical and isotopic systematics of oceanic basalts: implications for mantle composition and processes[J]. Geological Society, London, Special Publications, 42: 313-345.

SUN W, HUANG R, LI H, et al., 2015. Porphyry deposits and oxidized magmas[J]. Ore Geology Reviews, 65: 97-131.

主要参考文献

TOSDAL R M, RICHARDS J P, 2001. Magmatic and Structural Controls on the Development of Porphyry Cu±Mo±Au Deposits[J]. Society of Economic Geologists, 14: 157-181.

TRAIL D, BRUCE WATSON E, TAILBY N D, 2012. Ce and Eu anomalies in zircon as proxies for the oxidation state of magmas[J]. Geochimica et Cosmochimica Acta, 97: 70-87.

TRAIL D, WATSON E B, TAILBY N D, 2011. The oxidation state of Hadean magmas and implications for early Earth's atmosphere[J]. Nature, 480(7375): 79-82.

URQUETA E, KYSER T K, CLARK A H, et al., 2009. Lithogeochemistry of the Collahuasi porphyry Cu-Mo and epithermal Cu-Ag (-Au) cluster, northern Chile: Pearce element ratio vectors to ore[J]. Geochemistry: Exploration, Environment, Analysis, 9(1): 9-17.

VIRGO D, MYSEN B O, KUSHIRO I, 1980. Anionic constitution of 1-Atmosphere silicate melts: Implications for the structure of igneous melts[J]. Science (American Association for the Advancement of Science), 208(4450): 1371-1373.

WAINWRIGHT A J, TOSDAL R M, WOODEN J L, et al., 2011. U-Pb (zircon) and geochemical constraints on the age, origin, and evolution of Paleozoic arc magmas in the Oyu Tolgoi porphyry Cu-Au District, southern Mongolia[J]. Gondwana Research, 19(3): 764-787.

WANG S, ZHOU T, YUAN F, et al., 2016. Geochemical characteristics of the Shujiadian Cu deposit related intrusion in Tongling: Petrogenesis and implications for the formation of porphyry Cu systems in the Middle-Lower Yangtze River Valley metallogenic belt, eastern China[J]. Lithos, 252: 185-199.

WANG Y, XUE C, LIU J, et al., 2018. Origin of the subduction-related Carboniferous intrusions associated with the Yandong porphyry Cu deposit in eastern Tianshan, NW China: constraints from geology, geochronology, geochemistry, and Sr-Nd-Pb-Hf-O isotopes[J]. Mineralium Deposita, 53(5): 629-647.

WANG Y, ZHANG F, XUE C, et al., 2021. Geology and genesis of the Tuwu porphyry Cu deposit, Xinjiang, Northwest China[J]. Economic Geology, 116(2): 471-500.

WYBORN L, HEINRICH C A, JAQUES A L, 1994. Australian Proterozoic mineral systems: essential ingredients and mappable criteria[C]. AusIMM Darwin.

YANG Z M, COOKE D R, 2019. Porphyry Cu deposits in China[J]. Society of Economic Geologists Special Publication, 22: 133-187.

YANG Z M, HOU Z Q, WHITE N C, et al., 2009. Geology of the post-collisional porphyry copper-molybdenum deposit at Qulong, Tibet[J]. Ore Geology Reviews, 36: 133-159.

ZENG Q D, LIU J M, QIN K Z, et al., 2013. Types, characteristics, and time-space distribution of molybdenum deposits in China[J]. International Geology Review, 55(11): 1311-1358.

ZHANG L, XIAO W, QIN K, et al., 2005. Re-Os isotopic dating of molybdenite and pyrite in the Baishan Mo? Re deposit, eastern Tianshan, NW China, and its geological significance[J]. Mineralium Deposita, 39(8): 960-969.

附 表

附表 1 高石山石英闪长岩锆石 LA-ICP-MS U-Pb 同位素分析结果

点号	含量/10^{-6}			Th/U	同位素比值								年龄/Ma						
	Pb	Th	U		$^{207}Pb/^{206}Pb$	1σ	$^{207}Pb/^{235}U$	1σ	$^{206}Pb/^{238}U$	1σ	$^{208}Pb/^{232}Th$	1σ	$^{207}Pb/^{206}Pb$	1σ	$^{207}Pb/^{235}U$	1σ	$^{206}Pb/^{238}U$	1σ	$^{208}Pb/^{232}Th$	1σ
GSS-YT-1-01	32	192	294	0.65	0.053 49	0.003 48	0.363 12	0.022 18	0.049 28	0.000 83	0.016 18	0.000 59	350	153	315	17	310	5	324	12
GSS-YT-1-02	24	126	228	0.55	0.054 10	0.004 16	0.366 61	0.025 42	0.049 24	0.000 95	0.018 09	0.000 97	376	174	317	19	310	6	362	19
GSS-YT-1-03	80	561	563	1.00	0.051 13	0.002 99	0.346 72	0.018 72	0.049 27	0.000 80	0.015 93	0.000 44	256	135	302	14	310	5	319	9
GSS-YT-1-04	31	167	314	0.53	0.049 95	0.003 06	0.343 94	0.019 91	0.049 26	0.000 65	0.015 70	0.000 56	195	143	300	15	310	4	315	11
GSS-YT-1-05	23	128	236	0.54	0.054 37	0.004 41	0.367 93	0.026 70	0.049 21	0.000 77	0.015 01	0.000 64	387	186	318	20	310	5	301	13
GSS-YT-1-06	65	497	495	1.00	0.057 08	0.004 27	0.381 66	0.024 91	0.049 12	0.000 82	0.014 22	0.000 53	494	165	328	18	309	5	285	11
GSS-YT-1-07	62	463	421	1.10	0.051 06	0.004 11	0.342 75	0.025 43	0.049 20	0.000 86	0.015 65	0.000 53	243	182	299	19	310	5	314	10
GSS-YT-1-08	104	815	673	1.21	0.053 62	0.003 01	0.366 11	0.020 33	0.049 22	0.000 68	0.014 71	0.000 40	354	121	317	15	310	4	295	8
GSS-YT-1-09	53	356	432	0.82	0.051 88	0.003 96	0.349 51	0.024 01	0.049 32	0.000 82	0.015 51	0.000 55	280	181	304	18	310	5	311	11
GSS-YT-1-10	63	445	459	0.97	0.051 06	0.002 75	0.345 73	0.016 94	0.049 32	0.000 61	0.015 34	0.000 66	243	121	302	13	310	4	308	13
GSS-YT-1-11	61	417	476	0.88	0.049 07	0.002 54	0.334 19	0.016 73	0.049 32	0.000 66	0.015 40	0.000 46	150	150	293	13	310	4	309	9
GSS-YT-1-12	40	237	352	0.67	0.055 49	0.004 54	0.380 76	0.030 70	0.049 16	0.000 97	0.016 53	0.000 66	432	183	328	23	309	6	331	13

续附表 1

点号	含量/10⁻⁶			Th/U	同位素比值								年龄/Ma					
	Pb	Th	U		$^{207}Pb/^{206}Pb$	1σ	$^{207}Pb/^{235}U$	1σ	$^{206}Pb/^{238}U$	1σ	$^{208}Pb/^{232}Th$	1σ	$^{207}Pb/^{206}Pb$	1σ	$^{207}Pb/^{235}U$	1σ	$^{206}Pb/^{238}U$	1σ	$^{208}Pb/^{232}Th$	1σ
GSS-YT-1-13	33	214	312	0.69	0.054 98	0.003 53	0.369 10	0.020 82	0.049 23	0.000 78	0.014 54	0.000 59	413	144	319	15	310	5	292	12
GSS-YT-1-14	34	178	404	0.44	0.052 48	0.003 35	0.351 24	0.020 03	0.049 26	0.000 78	0.015 10	0.000 70	306	151	306	15	310	5	303	14
GSS-YT-1-15	83	630	566	1.11	0.053 88	0.002 73	0.366 22	0.018 00	0.049 17	0.000 71	0.015 17	0.000 40	365	110	317	13	309	4	304	8
GSS-YT-1-16	102	745	842	0.88	0.053 23	0.002 59	0.362 61	0.016 85	0.049 35	0.000 60	0.014 35	0.000 40	339	111	314	13	310	4	288	7
GSS-YT-1-17	39	264	346	0.76	0.050 87	0.004 12	0.337 53	0.024 31	0.049 33	0.000 84	0.015 02	0.000 51	235	189	295	18	310	5	301	10
GSS-YT-1-18	34	196	334	0.59	0.059 26	0.003 56	0.406 33	0.023 48	0.049 92	0.000 77	0.015 70	0.000 58	576	131	346	17	314	5	315	11
GSS-YT-1-19	39	265	340	0.78	0.052 45	0.004 52	0.349 22	0.026 86	0.049 21	0.000 92	0.014 93	0.000 77	306	203	304	20	310	5	300	9
GSS-YT-1-20	30	206	290	0.71	0.054 81	0.003 78	0.363 57	0.021 04	0.049 18	0.000 89	0.014 08	0.000 86	406	156	315	16	309	5	283	11
GSS-YT-1-21	39	274	329	0.83	0.051 99	0.003 28	0.353 07	0.020 54	0.049 27	0.000 78	0.014 71	0.000 45	283	117	307	15	310	5	295	9
GSS-YT-1-22	82	603	592	1.02	0.057 38	0.002 55	0.391 08	0.016 85	0.049 29	0.000 60	0.015 00	0.000 39	506	103	335	12	310	4	301	8
GSS-YT-1-23	29	171	276	0.62	0.051 60	0.005 44	0.345 17	0.028 28	0.049 57	0.000 99	0.014 79	0.000 67	333	244	301	21	312	6	297	13
GSS-YT-1-24	20	111	223	0.50	0.053 30	0.004 71	0.349 05	0.026 36	0.049 18	0.001 21	0.015 57	0.001 05	343	202	304	20	310	7	312	21
GSS-YT-1-25	17	90	193	0.46	0.053 62	0.004 65	0.373 63	0.026 96	0.049 27	0.000 94	0.014 48	0.000 88	354	196	322	20	310	6	291	17
GSS-YT-10-01	68	520	407	1.28	0.052 83	0.003 88	0.356 35	0.025 36	0.048 98	0.000 91	0.015 80	0.000 50	320	167	309	19	308	6	317	10
GSS-YT-10-02	126	1027	702	1.46	0.055 50	0.002 41	0.377 44	0.016 19	0.049 22	0.000 63	0.015 40	0.000 35	432	98	325	12	310	4	309	7
GSS-YT-10-03	164	1386	938	1.48	0.054 07	0.002 81	0.367 42	0.020 26	0.049 05	0.000 76	0.015 31	0.000 47	372	117	318	15	309	5	307	9
GSS-YT-10-04	111	928	524	1.77	0.052 11	0.003 09	0.350 91	0.019 19	0.049 00	0.000 72	0.015 57	0.000 36	300	135	305	14	308	4	312	7
GSS-YT-10-05	76	625	507	1.23	0.052 91	0.003 01	0.357 41	0.020 19	0.048 96	0.000 77	0.014 06	0.000 42	324	130	310	15	308	5	282	8

续附表 1

点号	含量/10^{-6}			Th/U	同位素比值								年龄/Ma						
	Pb	Th	U		$^{207}Pb/^{206}Pb$	1σ	$^{207}Pb/^{235}U$	1σ	$^{206}Pb/^{238}U$	1σ	$^{208}Pb/^{232}Th$	1σ	$^{207}Pb/^{206}Pb$	1σ	$^{207}Pb/^{235}U$	1σ	$^{206}Pb/^{238}U$	1σ	$^{208}Pb/^{232}Th$	1σ
GSS-YT-10-06	68	557	425	1.31	0.052 35	0.003 17	0.355 25	0.021 18	0.048 92	0.000 71	0.014 58	0.000 42	302	134	309	16	308	4	293	8
GSS-YT-10-07	247	2197	1152	1.91	0.052 83	0.002 01	0.358 29	0.013 40	0.048 91	0.000 49	0.014 68	0.000 28	320	87	311	10	308	3	295	6
GSS-YT-10-08	169	1436	912	1.57	0.051 92	0.002 43	0.350 83	0.015 28	0.048 99	0.000 56	0.014 75	0.000 35	283	107	305	11	308	3	296	7
GSS-YT-10-09	39	304	261	1.16	0.054 50	0.005 20	0.355 40	0.029 79	0.049 00	0.001 10	0.014 34	0.000 58	391	217	309	22	308	7	288	12
GSS-YT-10-10	168	1450	895	1.62	0.055 35	0.002 88	0.375 34	0.019 09	0.048 95	0.000 61	0.014 47	0.000 36	433	117	324	14	308	4	290	7
GSS-YT-10-11	121	1024	702	1.46	0.054 34	0.002 59	0.363 88	0.016 33	0.048 93	0.000 61	0.014 79	0.000 39	383	107	315	12	308	4	297	8
GSS-YT-10-12	121	1013	700	1.45	0.052 63	0.002 97	0.355 91	0.019 80	0.048 98	0.000 63	0.014 54	0.000 38	322	123	309	15	308	4	292	8
GSS-YT-10-13	209	1853	1064	1.74	0.049 60	0.002 48	0.335 94	0.016 49	0.048 90	0.000 63	0.014 45	0.000 33	176	123	294	13	308	4	290	7
GSS-YT-10-14	172	1454	930	1.56	0.051 49	0.002 29	0.347 02	0.014 83	0.048 92	0.000 59	0.014 84	0.000 32	261	97	302	11	308	4	298	6
GSS-YT-10-15	91	755	570	1.33	0.055 23	0.003 72	0.366 75	0.022 48	0.048 95	0.000 84	0.014 22	0.000 41	420	150	317	17	308	5	285	8
GSS-YT-10-16	127	1021	733	1.39	0.052 97	0.002 88	0.356 94	0.018 81	0.048 97	0.000 76	0.015 36	0.000 40	328	129	310	14	308	5	308	8
GSS-YT-10-17	59	471	381	1.24	0.053 24	0.003 98	0.352 76	0.022 48	0.048 93	0.000 85	0.014 79	0.000 46	339	166	307	17	308	5	297	9
GSS-YT-10-19	292	2557	1325	1.93	0.051 38	0.001 78	0.347 62	0.012 08	0.048 90	0.000 59	0.015 28	0.000 32	257	84	303	9	308	4	307	6
GSS-YT-10-20	76	602	452	1.33	0.057 17	0.003 15	0.382 52	0.019 34	0.048 93	0.000 73	0.014 97	0.000 42	498	122	329	14	308	4	300	8
GSS-YT-10-21	220	1913	1021	1.87	0.053 20	0.002 78	0.360 15	0.018 32	0.048 87	0.000 66	0.015 16	0.000 34	345	119	312	14	308	4	304	7
GSS-YT-10-22	198	1640	936	1.75	0.053 68	0.002 39	0.364 33	0.016 36	0.048 97	0.000 70	0.015 70	0.000 36	367	100	315	12	308	4	315	7
GSS-YT-10-24	177	1543	904	1.71	0.054 97	0.002 63	0.371 29	0.016 89	0.048 98	0.000 58	0.014 54	0.000 32	409	110	321	13	308	4	292	6
GSS-YT-10-25	66	433	580	0.75	0.055 85	0.002 63	0.381 47	0.018 57	0.049 19	0.000 70	0.014 82	0.000 40	456	104	328	14	310	4	297	8

附表2 高石山石英闪长岩主量元素(%)、微量元素(10^{-6})、稀土元素(10^{-6})分析结果

元素/指标	GSS-YT-1	GSS-YT-2	GSS-YT-3	GSS-YT-4	GSS-YT-5	GSS-YT-6	GSS-YT-7	GSS-YT-8	GSS-YT-9	GSS-YT-10	GSS-YT-11	GSS-YT-12
SiO_2	60.66	61.47	61.85	61.7	61.73	62.64	64.13	62.9	64.66	61.72	62.12	60.43
TiO_2	0.80	0.78	0.74	0.77	0.74	0.82	0.67	0.69	0.64	0.84	0.80	0.87
Al_2O_3	17.48	17.04	16.84	17.07	17.37	17.0	16.19	16.61	15.92	16.39	16.44	17.03
$Fe_2O_3^T$	5.08	4.93	4.95	4.95	4.87	4.93	4.54	4.75	4.39	4.85	4.77	5.05
MnO	0.08	0.07	0.08	0.08	0.07	0.08	0.07	0.07	0.07	0.07	0.07	0.08
MgO	3.21	3.11	3.18	2.75	2.81	2.22	2.71	2.88	2.58	3.18	3.02	3.31
CaO	5.80	5.68	5.60	5.61	5.56	4.86	4.71	5.17	4.64	5.38	5.17	5.71
Na_2O	4.58	4.70	4.49	4.48	4.50	4.67	4.38	4.50	4.34	4.58	4.81	4.52
K_2O	1.24	1.40	1.24	1.45	1.32	1.58	1.78	1.48	1.90	1.86	1.56	1.49
P_2O_5	0.22	0.23	0.22	0.19	0.18	0.21	0.19	0.20	0.17	0.28	0.27	0.28
LOI	0.82	0.69	0.98	1.00	1.01	0.67	0.84	1.00	1.15	0.88	1.04	0.96
Total	99.97	100.1	100.16	100.05	100.17	99.67	100.21	100.24	100.46	100.03	100.07	99.71
Na_2O+K_2O	5.82	6.10	5.73	5.93	5.82	6.25	6.16	5.97	6.24	6.44	6.37	6.01
$Mg^\#$	55.6	55.6	56.0	52.4	53.3	47.2	54.1	54.6	53.8	56.4	55.6	56.5
Li	17.8	14.4	13.0	19.7	18.4	19.6	21.1	14.5	17.1	26.6	25.0	15.9
Be	1.27	1.29	1.14	1.17	1.11	1.36	1.14	1.18	1.06	1.40	1.19	1.18
Sc	11.4	11.2	11.7	11.0	11.0	9.50	9.90	11.0	9.70	10.9	10.3	11.2
V	89.8	88.0	89.3	87.8	88.2	85.3	77.9	82.7	72.7	93.2	90.5	97.3

续附表 2

元素/指标	GSS-YT-1	GSS-YT-2	GSS-YT-3	GSS-YT-4	GSS-YT-5	GSS-YT-6	GSS-YT-7	GSS-YT-8	GSS-YT-9	GSS-YT-10	GSS-YT-11	GSS-YT-12
Cr	47.4	48.1	58.7	23.6	21.7	6.44	47.6	53.5	42.2	60.1	51.8	66.6
Co	92.7	94.5	110.5	85.0	91.6	84.4	112.8	88.6	72.9	82.1	74.6	105.9
Ni	36.2	36.2	40.7	21.2	21.6	12.8	33.6	34.9	29.4	46.0	43.1	48.8
Cu	18.5	30.1	14.8	42.1	35.5	16.2	40.6	33.1	30.1	28.4	32.4	55.8
Zn	54.6	51.2	53.4	53.3	49.5	56.8	58.2	48.9	52.1	55.2	49.9	59.1
Ga	19.5	19.0	19.3	18.4	18.8	18.9	18.4	19.1	17.9	19.0	19.1	19.3
Rb	23.3	25.7	23.8	35.6	32.0	37.2	37.1	29.4	37.0	27.4	25.9	23.6
Sr	658	623	639	487	496	489	520	566	492	808	762	778
Y	15.1	15.2	15.0	15.8	15.6	17.0	14.7	15.5	14.3	14.9	15.5	13.8
Zr	117	110	88.0	146	145	109	125	158	141	191	179	147
Nb	5.39	5.29	5.00	5.41	5.07	5.53	5.33	5.23	5.17	6.85	7.23	6.65
Sn	0.76	0.85	0.80	0.98	1.01	0.89	0.95	1.14	1.01	1.01	0.98	0.96
Cs	1.27	1.09	0.93	1.80	1.46	1.20	2.08	1.18	1.31	1.02	0.93	0.97
Ba	388	486	391	391	401	442	437	401	452	462	531	419
La	17.3	18.2	18.0	15.3	15.2	17.6	18.3	18.4	20.4	23.1	21.8	20.5
Ce	38.1	39.3	38.0	32.2	32.7	36.8	38.5	38.9	41.4	49.5	47.5	44.5
Pr	4.68	4.78	4.69	4.04	3.99	4.46	4.50	4.76	4.82	6.09	5.88	5.50
Nd	18.6	19.4	18.1	16.1	16.0	17.9	17.5	18.9	18.4	23.8	23.0	21.8

续附表 2

元素/指标	GSS-YT-1	GSS-YT-2	GSS-YT-3	GSS-YT-4	GSS-YT-5	GSS-YT-6	GSS-YT-7	GSS-YT-8	GSS-YT-9	GSS-YT-10	GSS-YT-11	GSS-YT-12
Sm	3.75	3.80	3.57	3.32	3.46	3.55	3.56	3.77	3.41	4.22	4.36	4.08
Eu	1.14	1.10	1.09	1.07	1.06	1.10	0.97	1.09	0.98	1.20	1.17	1.21
Gd	3.01	3.16	3.00	2.91	2.98	3.04	2.83	3.11	2.87	3.26	3.32	3.06
Tb	0.48	0.48	0.46	0.47	0.47	0.48	0.49	0.55	0.45	0.53	0.52	0.51
Dy	2.92	2.95	2.90	2.86	2.89	3.20	2.72	3.07	2.78	3.04	3.14	2.70
Ho	0.53	0.55	0.54	0.59	0.57	0.62	0.53	0.56	0.53	0.55	0.59	0.52
Er	1.55	1.45	1.39	1.48	1.54	1.70	1.49	1.34	1.31	1.33	1.44	1.36
Tm	0.21	0.22	0.21	0.23	0.22	0.24	0.21	0.23	0.22	0.22	0.21	0.18
Yb	1.42	1.33	1.33	1.49	1.43	1.55	1.35	1.40	1.26	1.30	1.34	1.17
Lu	0.20	0.20	0.20	0.22	0.22	0.23	0.20	0.22	0.19	0.20	0.20	0.18
Hf	3.16	3.02	2.40	3.74	3.58	2.91	3.29	3.99	3.88	4.64	4.56	3.43
Ta	0.61	0.58	0.65	0.62	0.62	0.64	0.66	0.63	0.56	0.64	0.59	0.65
Tl	0.15	0.14	0.15	0.22	0.16	0.21	0.21	0.18	0.25	0.13	0.15	0.13
Pb	4.74	4.59	4.29	7.37	6.57	6.73	9.74	4.30	9.31	7.26	8.42	7.74
Th	3.06	2.50	2.72	4.58	3.20	4.00	3.05	3.85	4.39	3.66	3.40	3.43
U	0.79	0.75	0.76	1.06	0.88	1.36	0.96	1.03	0.97	1.14	1.03	1.02
ΣREE	93.88	96.9	93.51	82.25	82.75	92.49	93.16	96.35	99.03	118.24	114.39	107.23
$(La/Yb)_N$	8.76	9.78	9.69	7.33	7.63	8.19	9.76	9.43	11.62	12.68	11.61	12.56
δEu	1.01	0.95	0.99	1.03	0.99	0.99	0.90	0.95	0.93	0.95	0.90	1.01

附表 3 高石山石英闪长岩锆石 Hf 同位素分析结果

点号	U-Pb 测试点号	$^{176}Hf/^{177}Hf$	1σ	$^{176}Lu/^{177}Hf$	1σ	$^{176}Yb/^{177}Hf$	1σ	t/Ma	$\varepsilon_{Hf}(0)$	$\varepsilon_{Hf}(t)$	t_{DM1}/Ma	t_{DM2}/Ma	$f_{Lu/Hf}$
GSS-YT-1-01	GSS-YT-1-01	0.282 975	0.000 014	0.000 664	0.000 017	0.019 687	0.000 643	310	7.2	13.9	388	420	−0.98
GSS-YT-1-02	GSS-YT-1-02	0.282 980	0.000 015	0.001 002	0.000 016	0.032 252	0.000 600	310	7.3	14.0	386	416	−0.97
GSS-YT-1-03	GSS-YT-1-03	0.283 003	0.000 014	0.001 109	0.000 078	0.035 489	0.002 634	310	8.2	14.8	353	370	−0.97
GSS-YT-1-04	GSS-YT-1-05	0.282 958	0.000 014	0.000 954	0.000 037	0.029 918	0.001 275	309	6.6	13.2	417	459	−0.97
GSS-YT-1-05	GSS-YT-1-06	0.282 981	0.000 012	0.000 376	0.000 009	0.010 904	0.000 315	310	7.4	14.1	378	407	−0.99
GSS-YT-1-06	GSS-YT-1-07	0.282 994	0.000 015	0.000 671	0.000 010	0.019 777	0.000 427	310	7.9	14.5	362	383	−0.98
GSS-YT-1-07	GSS-YT-1-08	0.282 979	0.000 017	0.001 665	0.000 052	0.054 614	0.001 757	310	7.3	13.8	394	425	−0.95
GSS-YT-1-08	GSS-YT-1-09	0.282 990	0.000 015	0.001 057	0.000 046	0.034 199	0.001 651	310	7.7	14.3	372	396	−0.97
GSS-YT-1-09	GSS-YT-1-11	0.282 978	0.000 014	0.000 581	0.000 007	0.017 140	0.000 303	310	7.3	14.0	384	415	−0.98
GSS-YT-1-10	GSS-YT-1-13	0.282 977	0.000 016	0.000 763	0.000 003	0.022 369	0.000 092	310	7.2	13.9	387	418	−0.98
GSS-YT-1-11	GSS-YT-1-14	0.282 949	0.000 018	0.001 310	0.000 034	0.042 319	0.001 141	309	6.2	12.8	434	481	−0.96
GSS-YT-1-12	GSS-YT-1-15	0.282 951	0.000 019	0.001 878	0.000 055	0.062 610	0.002 058	310	6.3	12.8	436	482	−0.94
GSS-YT-1-13	GSS-YT-1-16	0.282 962	0.000 017	0.001 157	0.000 016	0.036 646	0.000 518	310	6.7	13.3	413	452	−0.97
GSS-YT-1-14	GSS-YT-1-17	0.282 964	0.000 015	0.000 535	0.000 010	0.016 275	0.000 324	312	6.8	13.5	403	441	−0.98
GSS-YT-1-15	GSS-YT-1-23	0.282 973	0.000 014	0.000 436	0.000 003	0.012 811	0.000 071	310	7.1	13.8	389	422	−0.99
GSS-YT-10-01	GSS-YT-1-24	0.282 961	0.000 018	0.002 267	0.000 049	0.078 371	0.001 742	310	6.7	13.0	426	467	−0.93
GSS-YT-10-02	GSS-YT-10-02	0.282 953	0.000 015	0.001 079	0.000 076	0.036 788	0.002 795	309	6.4	13.0	424	470	−0.97
GSS-YT-10-03	GSS-YT-10-03	0.282 957	0.000 020	0.004 227	0.000 059	0.150 670	0.002 048	308	6.6	12.5	457	498	−0.87

续附表3

点号	U-Pb 测试点号	^{176}Hf/^{177}Hf	1σ	^{176}Lu/^{177}Hf	1σ	^{176}Yb/^{177}Hf	1σ	t/Ma	$\varepsilon_{Hf}(0)$	$\varepsilon_{Hf}(t)$	t_{DM1}/Ma	t_{DM2}/Ma	$f_{Lu/Hf}$
GSS-YT-10-04	GSS-YT-10-08	0.282 969	0.000 017	0.002 815	0.000 055	0.098 141	0.002 192	308	7.0	13.2	421	458	−0.92
GSS-YT-10-05	GSS-YT-10-09	0.282 976	0.000 015	0.001 256	0.000 032	0.043 264	0.001 120	308	7.2	13.8	393	426	−0.96
GSS-YT-10-06	GSS-YT-10-10	0.282 954	0.000 017	0.002 558	0.000 075	0.088 188	0.002 548	308	6.4	12.7	441	486	−0.92
GSS-YT-10-07	GSS-YT-10-11	0.282 962	0.000 014	0.001 478	0.000 089	0.051 487	0.003 315	308	6.7	13.2	416	457	−0.96
GSS-YT-10-08	GSS-YT-10-12	0.282 960	0.000 016	0.001 768	0.000 053	0.061 657	0.002 017	308	6.6	13.1	422	464	−0.95
GSS-YT-10-09	GSS-YT-10-16	0.282 962	0.000 016	0.001 987	0.000 081	0.069 257	0.003 047	308	6.7	13.1	422	463	−0.94
GSS-YT-10-10	GSS-YT-10-17	0.282 959	0.000 016	0.001 185	0.000 056	0.040 922	0.002 073	308	6.6	13.2	417	459	−0.96
GSS-YT-10-11	GSS-YT-10-19	0.282 994	0.000 017	0.003 262	0.000 085	0.115 927	0.003 439	308	7.8	13.9	390	415	−0.90
GSS-YT-10-12	GSS-YT-10-20	0.282 974	0.000 017	0.002 755	0.000 067	0.095 379	0.002 106	308	7.1	13.4	413	448	−0.92
GSS-YT-10-13	GSS-YT-10-21	0.282 963	0.000 017	0.002 558	0.000 083	0.090 768	0.003 312	308	6.8	13.0	426	467	−0.92
GSS-YT-10-14	GSS-YT-10-22	0.282 961	0.000 016	0.003 516	0.000 032	0.125 209	0.001 621	308	6.7	12.7	442	483	−0.89
GSS-YT-10-15	GSS-YT-10-24	0.282 967	0.000 014	0.001 570	0.000 030	0.053 889	0.000 942	308	6.9	13.4	410	449	−0.95

附表 4 高石山石英闪长岩锆石微量元素（10^{-6}）分析结果

点号	Ti	Y	La	Ce	Pr	Eu	Nd	Sm	Gd	Tb	Dy	Ho	Er	Tm	Yb	Lu	Hf	Th	U
GSS-YT-1-01	7.3	725	0.01	9.0	0.05	1.00	1.68	3.08	15.0	4.4	57	21.3	104	22.7	250	48	10 152	61	99
GSS-YT-1-02	5.3	497	0.00	7.0	0.03	0.56	0.96	1.53	7.9	2.6	37	14.2	72	16.8	186	37	10 291	39	76
GSS-YT-1-03	8.9	2057	0.06	19.8	0.32	3.47	5.21	9.43	50.8	16.2	186	63.7	287	57.1	562	98	9415	178	190
GSS-YT-1-04	6.9	578	0.02	8.6	0.03	0.61	0.74	1.59	9.8	3.1	40	16.1	83	19.7	226	46	10 205	53	105
GSS-YT-1-05	4.6	457	0.00	6.9	0.02	0.40	0.31	1.07	6.6	2.5	33	12.5	65	15.2	174	34	11 167	40	79
GSS-YT-1-06	6.8	1965	0.02	19.4	0.27	3.25	5.18	9.49	49.1	14.6	179	60.4	266	52.9	514	91	8978	157	167
GSS-YT-1-07	6.1	1633	0.04	19.6	0.22	2.37	3.85	8.59	41.8	12.3	144	50.5	224	43.9	419	76	9640	146	142
GSS-YT-1-08	22.2	2650	0.24	27.7	0.49	4.47	6.61	13.07	66.2	20.5	240	81.7	359	70.6	677	120	9123	259	229
GSS-YT-1-09	7.2	1283	0.01	13.3	0.12	1.82	3.75	6.07	29.4	8.8	107	37.9	178	37.3	385	70	10 593	113	146
GSS-YT-1-10	6.8	1537	0.03	15.3	0.25	2.57	3.45	6.78	34.7	11.1	133	46.9	213	43.3	425	79	10 224	141	155
GSS-YT-1-11	11.0	1627	0.07	18.4	0.34	2.55	4.51	6.51	39.2	12.1	141	50.5	229	46.6	469	82	9343	132	161
GSS-YT-1-12	5.7	866	0.01	10.0	0.07	1.05	1.95	3.16	18.9	5.8	69	24.9	120	25.8	274	50	10 747	75	119
GSS-YT-1-13	4.5	772	0.01	9.2	0.07	1.04	1.57	2.53	14.9	4.8	60	21.4	107	24.3	257	51	10 578	67	105
GSS-YT-1-14	7.8	572	0.01	8.7	0.03	0.53	0.35	1.28	7.5	2.8	37	15.9	85	21.0	248	52	11 000	56	136
GSS-YT-1-15	9.8	2204	0.04	23.9	0.32	3.80	5.62	11.00	56.5	17.5	199	68.9	306	59.6	581	104	9655	200	192
GSS-YT-1-16	10.7	2576	0.04	24.0	0.35	3.87	5.50	10.86	64.0	20.0	236	82.3	365	71.5	685	121	9450	237	287
GSS-YT-1-17	7.7	1065	0.00	11.4	0.14	1.54	2.50	4.57	25.2	7.5	87	32.3	151	31.4	330	60	10 363	83	117
GSS-YT-1-18	6.5	746	0.02	9.3	0.06	0.89	1.29	2.37	12.9	4.2	55	21.3	108	24.2	265	54	10 513	62	113

续附表4

点号	Ti	Y	La	Ce	Pr	Eu	Nd	Sm	Gd	Tb	Dy	Ho	Er	Tm	Yb	Lu	Hf	Th	U
GSS-YT-1-19	9.3	1111	0.00	12.0	0.14	1.60	2.33	4.56	25.1	8.0	94	34.5	156	32.7	327	60	10 471	84	115
GSS-YT-1-20	5.7	801	0.00	9.6	0.08	1.20	1.42	2.93	16.5	5.1	62	23.4	114	25.2	258	49	10 944	65	98
GSS-YT-1-21	7.6	1264	0.00	12.9	0.17	2.18	3.55	6.29	29.7	9.3	112	38.4	177	35.9	353	63	9899	86	111
GSS-YT-1-22	9.3	2347	0.05	23.7	0.28	4.08	5.52	11.90	60.1	18.7	213	74.0	323	65.1	618	108	8731	191	201
GSS-YT-1-23	6.5	627	0.00	8.2	0.04	0.71	0.78	2.21	12.7	3.8	48	18.2	89	19.8	220	42	11 296	54	93
GSS-YT-1-24	6.5	432	0.00	6.4	0.02	0.38	0.48	1.26	6.1	2.2	29	12.4	63	15.0	170	34	11 844	35	75
GSS-YT-1-25	4.3	357	0.00	6.2	0.02	0.21	0.38	0.86	4.1	1.8	24	9.7	53	12.7	145	32	10 735	28	65
GSS-YT-10-01	11.9	1846	0.07	28.7	0.30	3.15	5.19	9.77	52.2	15.2	175	58.2	256	49.9	460	81	10 345	165	138
GSS-YT-10-02	12.6	3012	0.09	43.8	0.62	5.01	8.52	16.34	85.1	25.3	286	97.7	423	81.0	759	130	9661	329	240
GSS-YT-10-03	8.9	3187	0.39	56.8	0.79	5.10	9.11	15.63	77.2	24.2	287	97.6	431	84.7	804	139	10 558	446	322
GSS-YT-10-04	9.6	2365	0.08	39.0	0.27	3.89	5.33	12.69	70.2	20.9	226	76.9	328	63.6	578	98	11 174	297	179
GSS-YT-10-05	11.0	1892	0.20	36.8	0.63	3.45	7.85	10.05	49.2	14.6	172	59.3	264	52.1	500	89	10 056	199	172
GSS-YT-10-06	19.0	2325	0.53	26.1	0.47	3.91	6.98	12.33	63.8	19.5	215	73.6	319	62.2	575	101	9552	177	144
GSS-YT-10-07	17.7	5395	0.08	78.9	0.84	8.75	13.36	28.79	152.6	43.7	497	166.1	710	133.9	1217	208	9598	715	400
GSS-YT-10-08	13.2	4229	0.09	60.1	0.58	6.57	12.06	23.14	115.7	33.3	388	129.3	569	108.7	999	171	9597	463	314
GSS-YT-10-09	14.8	1445	0.01	21.1	0.25	2.49	4.40	7.67	37.8	11.5	131	45.8	199	38.6	371	66	10 420	96	88
GSS-YT-10-10	13.9	4134	0.09	61.0	0.75	7.04	12.28	23.28	119.2	35.3	392	134.2	564	107.0	984	169	9566	467	308
GSS-YT-10-11	15.9	3228	0.12	47.0	0.72	5.12	10.84	16.60	88.0	26.4	302	102.3	444	85.7	787	138	9687	328	240

续附表 4

点号	Ti	Y	La	Ce	Pr	Eu	Nd	Sm	Gd	Tb	Dy	Ho	Er	Tm	Yb	Lu	Hf	Th	U
GSS-YT-10-12	19.5	3350	0.08	44.8	0.75	5.42	9.13	19.77	95.2	27.8	320	108.6	462	89.4	825	142	9595	325	239
GSS-YT-10-13	13.3	4944	0.08	59.2	0.59	6.62	10.55	19.91	120.6	39.1	454	157.2	668	128.6	1163	202	9876	601	368
GSS-YT-10-14	9.9	3660	0.11	55.5	0.62	5.20	9.94	19.09	96.9	29.1	333	114.9	503	98.2	916	159	10 054	468	319
GSS-YT-10-15	12.0	1990	0.05	35.1	0.37	3.07	5.01	9.77	52.1	15.4	180	61.6	276	55.4	530	94	11 410	241	194
GSS-YT-10-16	11.0	2771	0.06	39.7	0.51	4.14	9.17	14.39	70.2	21.4	246	87.4	380	76.0	721	123	9804	326	250
GSS-YT-10-17	14.3	2055	0.05	23.4	0.44	3.33	6.55	9.79	55.2	16.5	189	65.0	289	55.5	518	92	9375	149	129
GSS-YT-10-19	13.1	6012	0.11	81.7	0.78	9.45	13.01	29.18	165.3	50.9	567	193.8	811	153.1	1391	231	9369	835	462
GSS-YT-10-20	13.2	1992	0.02	27.8	0.33	2.99	6.17	10.22	51.9	15.9	187	64.8	278	55.6	516	89	10 010	191	153
GSS-YT-10-21	20.9	5583	0.13	62.1	0.74	9.15	11.45	25.28	153.7	47.0	528	180.5	759	144.0	1301	223	9132	622	354
GSS-YT-10-22	15.6	4365	0.06	67.7	0.77	7.83	12.17	25.64	134.6	38.4	422	142.2	604	112.6	1024	178	9366	529	322
GSS-YT-10-24	14.4	4438	0.15	63.4	0.64	7.98	13.00	25.92	125.2	38.4	428	144.5	625	117.7	1068	186	9843	499	311
GSS-YT-10-25	9.8	863	0.02	23.3	0.10	0.75	1.00	2.27	12.9	4.3	59	24.2	127	30.0	319	62	12 139	137	196

附表5 本书收集的斑岩型铜矿床的主要信息(据 Ballard et al., 2002; Wainwright et al., 2011; Chelle-Michou et al., 2014; Shen et al., 2015; 魏少妮和朱永峰, 2015; Lu et al., 2016; Wang et al., 2016; 魏少妮等, 2020)

矿床名称	铜储量/Mt	地区/国家	矿床侵入体年龄/Ma	样品号	分析点号	分析点数量/个
Borly	0.60	哈萨克斯坦	316.3±0.8	9HS13-14	Gr	5
Baogutu S	0.63	中国	313.0±2.2	Bgt5-700	Gr	6
Baogutu W	0.63	中国	319±3	09BGT-26	09BGT-27	10
Shujiadian	0.70	中国	139.8±1.6	1612-549	JL10A	14
Opache	1.80	智利	37.9±0.2	067/698	067/698	20
Tuwu-Yandong	2.00	中国	(332.8±2.5)~(332.2±2.3)	TZK705-530	Gr	4
				YZK6307-610	Gr	2
Koksai	3.30	哈萨克斯坦	422	9HS76-4	Gr	5
Nurkazgan	3.90	哈萨克斯坦	410	12HS01-2	Gr	10
Bozshakol	4.10	哈萨克斯坦	489.5±3.3	12HSB03-3	Gr	8
				12HSB03-4	Gr	9
Jiama	4.60	中国	16	JM813-605.2	JM5	42
Kounrad	4.82	哈萨克斯坦	327.3±2.1	9HS15-3-2	Gr	3
				9HS15-6-2	Gr	8
Sungun	4.90	伊朗	21	SU14-004-6	2015-195	45
Dexing	6.45	中国	170	DT07-1	DT071	48
Yulong	6.50	中国	(40.6±0.3)~(41.2±0.3)	YL-E22, YL-E23, YL-SE7, YL-SE8		90
Batu Hijau	7.23	印度尼西亚	3.7	SBD-20	R05076A	63
Tampakan	7.70	菲律宾	3.8	A043212	R05044A	51
El Abra	7.70	智利	37.4±0.3	176	176	9
Qulong	10.60	中国	16	ZK001-518	ZK001	30
Erdenet	11.00	蒙古国	(220±7)~(223±9)	M2-2	Gr	3
				M2-4	Gr	5
Aktogai	12.50	哈萨克斯坦	327.5±1.9	9HS49-7	Gr	8

续附表 5

矿床名称	铜储量/Mt	地区/国家	矿床侵入体年龄/Ma	样品号	分析点号	分析点数量/n
Tintaya	13.00	秘鲁	(35.639±0.011)~(36.102±0.017)	10CC022，10CC051，10CC056		25
Sar Cheshmeh	14.40	伊朗	13	I-12-38SH	2013_534	35
Radomiro Tomic	19.93	智利	34±0.4	081	081	10
			34.6±0.5	695	695	10
Oyu Tolgoi	42.67	蒙古国	374±3	AJW-04-385，AJW-03-182		30
			372±1	AJW-04-356，AJW-03-178，AJW-03-181		36
Chuquicamata	66.37	智利	35.2±0.4	610	610	10
			34.0±0.3	609	609	10
			34.1±0.4	603	603	10

附表 6　斑岩型铜矿床锆石微量元素参数汇总(据 Ballard et al., 2002; Wainwright et al., 2011; Chelle-Michou et al., 2014; Shen et al., 2015; 魏少妮和朱永峰, 2015; Lu et al., 2016; Wang et al., 2016; 魏少妮等, 2020)

矿床名称	铜储量/Mt	Ce^{4+}/Ce^{3+}		Ce_N/Ce_N^*		Ce/Nd		(Ce/Nd)/Y		Eu_N/Eu_N^*		$10000\times(Eu_N/Eu_N^*)/Y$		Dy/Yb	
		Ave	Std	Ave	Std	Ave	Std	Ave	Std	Ave	Std	Ave	Std	Ave	Std
Borly	0.60	67	44	30.9	25.8	7.1	4.5	0.01	0.01	0.43	0.11	4.04	0.53	0.22	0.02
Baogutu S	0.63	83	52	23.5	13.3	5.0	2.3	0.00	0.00	0.39	0.01	3.09	0.49	0.25	0.03
Baogutu W	0.63	55	23	27.9	9.7	5.4	1.5	0.01	0.00	0.38	0.05	4.16	1.98	0.24	0.04
Shujiadian	0.70	199	131	73.0	56.1	15.6	8.8	0.02	0.02	0.52	0.04	5.29	2.89	0.27	0.05
Opache	1.80	422	341	152.0	149.7	25.3	16.6	0.07	0.06	0.42	0.10	11.29	5.47	0.20	0.05
Tuwu-Yandong	2.00	199	90	74.4	32.9	11.8	4.2	0.01	0.01	0.33	0.06	3.00	0.84	0.18	0.02
Koksai	3.30	152	44	64.4	15.7	15.0	2.7	0.02	0.01	0.54	0.04	8.74	2.25	0.20	0.02
Nurkazghan	3.90	199	118	72.9	39.1	12.8	6.0	0.03	0.01	0.52	0.05	7.08	2.34	0.16	0.02
Bozshakol	4.10	330	152	85.1	38.7	17.8	6.4	0.03	0.02	0.62	0.06	9.60	3.22	0.14	0.02
Jiama	4.60	340	293	139.8	132.7	27.7	15.9	0.05	0.04	0.53	0.08	8.48	3.94	0.24	0.08
Kounrad	4.82	259	171	93.0	66.4	18.0	10.8	0.03	0.02	0.48	0.04	6.82	2.67	0.20	0.05
Sungun	4.90	560	176	185.3	108.3	38.9	10.3	0.08	0.03	0.73	0.10	15.44	5.06	0.16	0.02
Dexing	6.45	727	406	320.4	317.1	48.0	23.7	0.10	0.06	0.63	0.12	12.19	3.67	0.17	0.02
Yulong	6.50	423	253	124.6	83.3	26.0	10.9	0.04	0.02	0.63	0.09	8.64	4.80	0.24	0.07
Batu Hijau	7.23	388	339	310.0	997.7	18.5	17.0	0.04	0.05	0.56	0.15	11.79	8.88	0.17	0.02
Tampakan	7.70	284	355	114.8	181.6	15.8	16.1	0.05	0.08	0.59	0.18	16.15	11.07	0.20	0.04
El Abra	7.70	552	353	307.1	343.5	37.3	24.1	0.13	0.12	0.41	0.06	12.84	6.26	0.18	0.03
Qulong	10.60	494	265	125.8	77.6	19.9	8.7	0.01	0.01	0.48	0.08	2.57	1.40	0.27	0.04

附　表

续附表 6

矿床名称	铜储量/Mt	Ce^{4+}/Ce^{3+}		Ce_N/Ce_N^*		Ce/Nd		(Ce/Nd)/Y		Eu_N/Eu_N^*		$10000\times(Eu_N/Eu_N^*)/Y$		Dy/Yb	
		Ave	Std	Ave	Std	Ave	Std	Ave	Std	Ave	Std	Ave	Std	Ave	Std
Erdenet	11.00	155	76	68.8	26.9	13.6	5.2	0.02	0.01	0.30	0.02	4.59	0.86	0.25	0.02
Aktogai	12.50	177	74	66.9	22.5	13.4	4.3	0.04	0.02	0.47	0.07	12.22	5.76	0.21	0.02
Tintaya	13.00	695	340	165.1	83.9	27.0	9.8	0.05	0.02	0.60	0.06	10.95	3.37	0.14	0.02
Sar Cheshmeh	14.40	710	555	188.6	120.0	36.5	16.9	0.08	0.13	0.64	0.10	11.01	8.86	0.17	0.03
Radomiro Tomic	19.93	893	349	279.3	111.1	48.6	12.7	0.07	0.03	0.49	0.06	6.88	2.45	0.15	0.03
Oyu Tolgoi	42.67	559	572	376.4	298.3	42.7	28.9	0.08	0.08	0.28	0.11	4.66	3.63	0.02	0.01
Chuquicamata	66.37	741	355	253.3	135.4	44.9	16.5	0.08	0.08	0.49	0.09	7.49	5.66	0.18	0.04
Borly	0.60	1067	39	−13.8	3.9	1.11	3.26	448	184	−14.9	0.7	−0.02	0.86		
Baogutu S	0.63	1089	11	−13.4	2.3	1.01	2.13	113	12	−14.0	0.2	0.38	0.07		
Baogutu W	0.63	1082	45	−12.9	2.0	1.71	1.40	69	15	−14.6	0.7	0.02	0.41		
Shujiadian	0.70	1095	58	−9.4	2.9	4.97	2.49	307	127	−12.9	0.7	1.46	0.66		
Opache	1.80	n.d.	n.d.	n.d.	n.d.	n.d.	n.d.	214	167	n.d.	n.d.	n.d.	n.d.		
Tuwu-Yandong	2.00	974	18	−14.6	1.5	2.51	1.56	77	16	−15.7	0.6	1.42	0.26		
Koksai	3.30	999	15	−13.5	0.9	2.91	0.84	240	54	−15.1	0.5	1.35	0.20		
Nurkazghan	3.90	1063	24	−10.4	1.9	4.59	1.93	150	66	−15.1	0.4	−0.11	0.31		
Bozshakol	4.10	1009	21	−12.3	1.8	3.94	1.67	202	63	−15.4	0.5	0.84	0.32		
Jiama	4.60	969	52	−13.5	3.3	3.79	2.65	732	494	−15.3	1.5	2.02	0.64		
Kounrad	4.82	1017	27	−12.1	2.5	3.97	2.53	331	115	−15.3	0.7	0.74	0.75		
Sungun	4.90	958	50	−12.4	3.7	5.26	2.57	1036	328	−16.5	1.0	1.16	0.66		

续附表 6

矿床名称	铜储量/Mt	Ce^{4+}/Ce^{3+} Ave	Std	Ce_N/Ce_N^* Ave	Std	Ce/Nd Ave	Std	(Ce/Nd)/Y Ave	Std	Eu_N/Eu_N^* Ave	Std	$10000\times(Eu_N/Eu_N^*)/Y$ Ave	Std	Dy/Yb Ave	Std
Dexing	6.45	930	54	−13.0	4.3	5.44	3.60	556	203	−16.6	1.1	1.78	0.54		
Yulong	6.50	983	52	−12.7	2.9	4.20	2.33	1030	495	−15.2	1.5	1.80	0.75		
Batu Hijau	7.23	992	39	−12.1	4.3	4.79	4.55	28	13	−16.2	0.8	0.46	0.39		
Tampakan	7.70	1051	38	−11.2	3.9	4.72	4.79	54	22	−15.0	0.7	0.23	0.40		
El Abra	7.70	n.d.	n.d.	n.d.	n.d.	n.d.	n.d.	165	82	n.d.	n.d.	n.d.	n.d.		
Qulong	10.60	987	52	−12.5	3.3	4.37	2.54	557	348	−14.4	1.5	2.48	0.58		
Erdenet	11.00	1082	22	−9.5	1.1	5.07	1.22	110	55	−13.8	0.3	0.72	0.30		
Aktogai	12.50	1061	24	−10.5	1.8	4.53	1.50	61	6	−14.0	0.4	1.00	0.19		
Tintaya	13.00	982	54	−11.5	2.6	5.44	2.08	200	66	−16.1	0.9	0.82	0.58		
Sar Cheshmeh	14.40	925	41	−14.5	3.3	4.04	2.65	822	437	−17.0	1.0	1.56	0.58		
Radomiro Tomic	19.93	n.d.	n.d.	n.d.	n.d.	n.d.	n.d.	522	413	n.d.	n.d.	n.d.	n.d.		
Oyu Tolgoi	42.67	1087	41	−4.2	3.3	10.45	3.59	101	99	−13.9	1.0	0.57	0.61		
Chuquicamata	66.37	n.d.	n.d.	n.d.	n.d.	n.d.	n.d.	455	183	n.d.	n.d.	n.d.	n.d.		

注:①Ave=平均值,Std=标准差;②n.d.=no data,表示该参数因缺失锆石Ti含量数据而无法计算;③$^T\log f_{O_2}$表示该参数计算方法据Trail et al.,2011,2012,$^L\log f_{O_2}$表示该参数计算方法据Loucks et al.,2020;④Baogutu矿床有两套数据,表中Baogutu S表示该组数据据Shen et al.,2015,Baogutu W表示该组数据据魏少妮和朱永峰,2015;魏少妮等,2020。